Handbuch

für

Flugzeugmonteure

und

Flugzeugführer

Bearbeitet von

Ingenieur Hans Busch

z. Z. Lehrer für Motoren- u. Flugzeuglehre
bei der Flieger-Ersatz-Abteilung 4, Posen.

Mit 38 Abbildungen.

BERLIN W

Verlag von M. Krayn

1917

Druck von Rosenthal & Co., Berlin NW. 21.

Vorwort.

Mein Buch ist in der Absicht verfaßt worden, die Flugzeugmonteure, sowie auch die Flugzeugführer stets in kurzer Zeit in den Stand zu setzen, sich die nötigen praktischen Kenntnisse auch ohne besondere theoretische Vorkenntnisse anzueignen.

Es ist hierbei weniger Wert auf hochwissenschaftlichen Inhalt gelegt worden, als darauf, dem Fachmann wie auch dem Laien ein Nachschlagewerk aus der Praxis für die Praxis in die Hand zu geben, das ihm in allen Lagen ein guter und schneller Ratgeber sein soll.

August 1917.

Der Verfasser.

Inhalts-Verzeichnis.

IV. Kapitel.

Flugzeuglehre.

I. Kapitel.

A.) Allgemeines und Zweck des Flugmotors.

Soll ein Flugzeug vermittelst seiner Tragflächen in der Luft von derselben getragen werden, so müssen diese Tragflächen sich mit großer Geschwindigkeit durch die Luft schieben, gleiten.

Zur Erreichung von vorstehendem ist eine dementsprechende Kraftleistung erforderlich. Diese Kraftleistung bzw. Kraftquelle ist uns nach Vervollkommnung des Automobilmotors gegeben worden, aus welchem der Flugmotor fast ausschließlich hervorgegangen ist.

Als man gelernt hatte, die in den flüssigen Brennstoffen enthaltene Wärme in Arbeit umzusetzen, traten die ersten Erfolge ein.

Der Vervollkommnung dieser Motore ging mit der der Brennstoffe Benzin, Benzol usw. Hand in Hand.

B.) Grundtypen.

Man unterscheidet bei den Flugmotoren folgende Grundtypen:

V und Fächerform,
Sternform (Umlaufmotore),
Reihenanordnung, bei der die Zylinder in Block, Paar-Block oder einzeln hintereinanderstehend angeordnet sind.

Die V und Fächerform, luft- und wassergekühlt, verkürzt die Baulänge und gestattet die vereinfachte Steuerung der Ein- und Auslaßventile mit zweistufigen Nocken.

Die genannte Bauweise wird nur noch vereinzelnd angewendet.

Für die heutigen Flugzeuge fast ausschließlich zur Anwendung kommenden Motore sind die wassergekühlten Standmotore mit senkrecht stehenden, in Reihen hintereinander angeordneten Zylindern von Mercedes, Benz, Argus, Maybach usw. und die luftgekühlten Umlaufmotore in Sternform.

C.) Unterschiede zwischen Stand- und Umlaufmotor.

Der Umlaufmotor hat eine feststehende Kurbelwelle und Zylinder, die sich mitsamt dem Gehäuse um die Kurbelwelle drehen, während die Standmotore feststehendes Gehäuse und Zylinder haben und die Kurbelwelle sich dreht.

Im Gegensatz zum Umlaufmotor wird der Standmotor fast durchgängig mit Wasser gekühlt.

Die Kühlung des Umlaufmotors erfolgt durch Luft, dadurch, daß sich die Zylinder bei der schnellen Umdrehung rasch durch die Luft bewegen und ihre Wärme vermittels der an den Zylindern befindlichen Kühlrippen an die Luft abgeben.

Es kann deshalb der Wasserballast, der Kühler, die Wasserpumpe, die Kühlleitung in Wegfall kommen, wodurch sich das Gewicht des Umlaufmotors gegenüber dem Standmotor erheblich verringert, worin der Hauptvorteil des Umlaufmotors liegt. Ein weiterer Vorteil ist seine kurze Bauart.

Die Standmotore besitzen meist gesteuerte Ein- und Auslaßventile, während beim Umlaufmotor nur das Auslaßventil zwangläufig gesteuert wird, das Einlaßventil dagegen selbsttätig (automatisch) arbeitet.

Da das Einlaßventil beim Umlaufmotor nur bei einer bestimmten Umdrehungszahl des Motors arbeitet, läßt sich derselbe schwer drosseln im Gegensatz zum Standmotor, der sich leicht bis auf ungefähr 300 Umdrehungen drosseln läßt.

Der Verbrauch an Benzin und Oel ist bei einem Umlaufmotor größer als bei einem Standmotor, da das zur Schmierung nötige Oel bei dem Umlaufmotor durch die Auslaßventile ins Freie fliegt und nicht wieder zurückgewonnen werden kann.

Der Umlaufmotor besitzt einen Düsen - Vergaser gegenüber dem Standmotor, bei denen Schwimmer-Vergaser zur Anwendung kommen. Der Düsenvergaser hat vor dem Schwimmervergaser den Vorteil, daß er den Zylindern des Motors in jeder Lage des Flugzeuges Brennstoff zuführt, dagegen nicht so sparsam arbeitet, wie der Schwimmervergaser.

Infolge ihres geringen Gewichts werden die Umlaufmotore in schnellsteigende Flugzeuge eingebaut, in Kampfflugzeuge mit kurzer Flugdauer, während man die Standmotore bevorzugt, wenn es sich um Flüge großer Ausdehnung, also um Aufklärungsflugzeuge handelt.

D.) Arbeitsweise der Motoren.

1. Der Viertakt.

Die Wirkungsweise der Motore beruht auf der Ausdehnung der Gase, durch deren Entzündung und Verbrennung (Explosion) der im Zylinder verschiebbare Kolben, von oben nach unten beziehungsweise von außen nach innen und umgekehrt bewegt wird.

Fast alle Motore der Flugmaschinen arbeiten mit wenig Ausnahmen nach dem Viertakt-Verfahren.

I. Takt. Ansaugen.
II. Takt. Verdichten.
III. Takt. Arbeiten.
IV. Takt. Ausstoßen.

I. Takt. **Ansaugen.**

Beim Ansaugen geht der Kolben beim Standmotor von der oberen nach der unteren Totlage; beim Umlaufmotor spricht man von der äußeren nach der inneren Totlage. Hierdurch entsteht im Zylinder über dem Kolben ein luftverdünnter Raum, ein Unterdruck, Vakuum genannt.

Beim Beginn des Ansaugens hat sich das Auslaßventil geschlossen, das Einlaßventil öffnet sich und das Gasgemisch (Luft und Benzin) wird infolge des entstandenen Vakuums in den Zylinder gesaugt. Die Dauer des Saughubes beträgt bei $n = 1200$ bis 1400 Umdrehungen etwa $^{1}/_{40}$ Sekunde.

Beim Ansaugen soll sich der Zylinder so weit wie möglich mit frischen Gasen füllen.

Da jedoch vorher Ausschub stattfand und die verbrannten Gase selbst am Ende des Hubes noch eine höhere Spannung besitzen wie die äußere Atmosphäre, schon deshalb, weil das Ausschieben des Abgases durch die Ventilöffnung und das Auspuffrohr eine gewisse Kraft erfordern, so öffnet man das Einlaßventil erst einige Grade nach dem oberen Totpunkt. Ein zu frühes Oeffnen würde zu Vergaserbränden führen, mindestens aber zu einer unvollkommenen Zylinderfüllung, da durch den noch im Zylinder befindlichen Ueberdruck die frischen Gase zurückgeschleudert resp. entzündet würden.

II. Takt. **Verdichten.**

Bei der dem Ansaugen folgenden Verdichtung sind Ein- und Auslaßventil geschlossen. Der Kolben geht von der unteren nach der oberen Totlage, bzw. von der inneren nach der äußeren. Das im ersten Takt in den Zylinder gesaugte Gasgemisch wird zusammengepreßt, verdichtet. Durch die Verdichtung werden die einzelnen Benzin- und Luftteilchen in innige Berührung gebracht und damit ein leichter entzündbares Gas geschaffen, wie bei Ende des Saughubes.

Der am Ende des Hubes herrschende Kompressionsdruck beträgt etwa 5 bis 5,5 Atm. Dieses Verdichten der Gase hat den Zweck, die Motorleistung zu erhöhen. Je höher die Verdichtung, um so größer ist der Druck auf den Kolben bei der darauf folgenden Verbrennung (Explosion). Die Verdichtung steht annähernd im direkten quadratischen Verhältnis zur Explosion, beträgt beispielsweise der Enddruck der Kompression 5 Atm., dann ist der Anfangsdruck der Explosion $5 \times 5 = 25$ Atm.

Die Höhe der Verdichtung ist jedoch beschränkt. Durch das Zusammenpressen erwärmt sich das Gas und diese Erwärmung kann so hoch steigen, daß sich das Gas von selbst entzündet, bevor der Kolben seinen höchsten Stand erreicht hat und würden durch diese Frühzündung Rückschläge die Folge sein.

Bevor der Kolben seine obere bzw. äußere Totlage erreicht hat, wird das verdichtete Gasgemisch, durch Ueberspringen des elektrischen Zündfunkens zwischen den Elektroden an der Zündkerze zur Entzündung gebracht. Die Verbrennung erfordert Zeit; wollte man genau im oberen bzw. äußeren Totpunkt zünden, würde der Kolben schon einen Teil seines Weges nach unten bzw. nach innen zurückgelegt haben, die Kompression würde sinken und mit ihr die Leistung des Motors.

III. Takt. **Arbeiten.**

Vermittels der durch die Zündung hervorgerufenen Explosion bzw. Verbrennung der Gase, werden dieselben ausgedehnt, was eine Kraftleistung hervorruft, die den Kolben von oben nach unten bzw. von außen nach innen treibt. Man nennt dieses das Arbeiten des Motors. Die Temperatur der Verbrennung beträgt etwa 1500 ° C.

IV. Takt. **Ausstoßen.**

Bevor der Kolben bei der Verbrennung seinen tiefsten Punkt erreicht, öffnet sich das Auslaßventil. Die Gase, die in diesem Punkt immer noch eine Spannung von etwa 2 bis 4 Atm. haben, können sich dadurch schneller entspannen. Die Gase treten infolge ihres Ueberdrucks aus, sich mit dem Druck der atmosphärischen Luft ausgleichend. Die Gase setzen nunmehr dem weiter auf- oder auswärtsgehenden Kolben keinen so großen Widerstand entgegen, als wenn man erst im unteren bzw. inneren Totpunkt öffnete. Die noch im Zylinder verbliebenen verbrannten weiteren Gase werden von dem weiter nach oben bzw. auswärtsgehenden Kolben ins Freie geschoben. Die Geschwindigkeit der austretenden Gase im ersten Moment beträgt etwa 400 bis 800 m/sec.

Diese vier Takte entsprechen 4 Kolbenhüben. Da sich während eines Kolben-Hin- und Herweges die Kurbelwelle einmal dreht, so sind für eine Arbeitsleistung also zu einem vollständigen Arbeitsspiel zwei Hin- und Herwege des Kolbens bzw. zwei Umdrehungen der Kurbelwelle erforderlich.

2. Der Zweitakt.

Die in wenigen Konstruktionen verwendeten Zweitaktmotore (Grade, Laviator usw.) haben sich wegen ihrer geringen Regulierfähigkeit im Flugmotorbau wenig Eingang verschafft und soll deshalb von einer ausführlichen Beschreibung an dieser Stelle Abstand genommen werden.

Beim Arbeitsgange des Zweitakt-Motors entfällt auf *eine Umdrehung* eine Arbeitsleistung, so daß seine Leistung bei sonst gleichen Verhältnissen fast das Doppelte derjenigen eines Viertakt-Motors ausmacht.

E.) Brennstoff.

Der geeignetste und meist verwendete Brennstoff für Flugmotore ist Benzin, das aus Bestandteilen des Rohöl-Petroleums oder Mineralöls durch fraktionierte Destillation zwischen 60° und 90° gewonnen wird.

Da dessen Siedepunkt mit dem spezifischen Gewichte steigt, so ist leichtes Benzin von $\gamma = 0{,}64$ bis $0{,}7$ spezifisches Gewicht wertvoller, als schweres Benzin $\gamma = 0{,}7$ bis $0{,}75$, weil ersteres leichter vergast, geringere Rückstände hinterläßt, also vollkommen verbrennt. Vergleichstabelle für spezifische Gewichte (siehe Seite 16 und 17).

Mit Luft gemischt erhält man ein explosives Gemenge, aus welchem durch vollständige Verbrennung von 1 kg Benzin etwa 11 000 W. E. erzeugt werden.

F.) Flug-Motor-Typen de

Stand

Fabrik-Type	PS.	Anzahl der Zylind.	Hub	Kolb. ⊖	Tourenzahl *n* norm.	Tourenzahl *n* max.	Stündl Benzin
Mercedes **	100	6	140	120	1250	1400	25
„ **	120	6	150	125	1250	1400	30
„	160	6	160	140	1250	1400	37
„	220	8	160	140	1250	1400	48
Benz	110	6	160	116	1250	1400	24
„	150	6	180	130	1250	1400	32
„	200	6	190	145	1250	1400	52

Die Frühzündung erfolgt

Umlauf

Motorenfabrik Oberursel **„Gnom“**	80	7	140	124	1200	1200	25
	100	9	150	124	1200	1200	35
	160*	14	140	124	1200	1200	50

Die Zündung erfolg

* Doppelstern im Gegensatz zu den andern Typen di
** Paar-Block im Gegensatz zu den Einzel-Zylindertypen.

G.) Spezifische

	Platin	**Quecksilber**	**Blei**	**Eisen**	**Aluminiun**

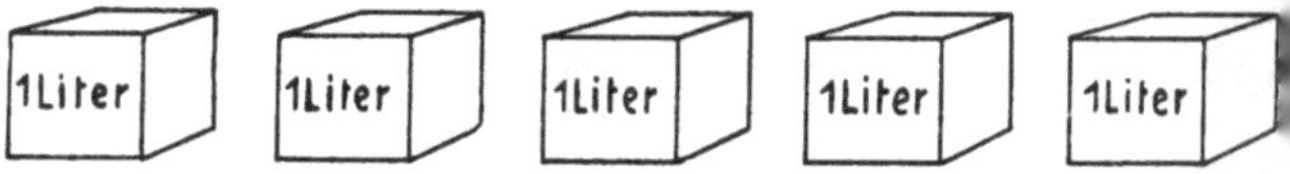

wiegt:	21500	13500	11300	7800	2550—2750
„	21,5	13,5	11,3	7,8	2,55—2,75

zelnen Motorenfabriken

tore.

-ch kg	Gewicht in kg Motor	p. PS.	Propeller ⊖	Steig.	Einlaßventil öffnet mm	Grad	schließt mm	Grad	Auslaßventil öffnet mm	Grad	schließt mm	Grad
5	190	1,9	2700	145	2	—	10	—	16	—	1	—
	210	1,7	2700	150	2	—	10	—	16	—	1	—
5	260	1,6	2800	178	1,6	—	10	—	18	—	1,2	—
5	390	1,8	3200	190	1,6	—	10	—	18	—	1,2	—
5	210	1.9	2700	148	2	—	12	—	20	—	4	—
	250	1,7	2800	175	2	—	12	—	20	—	4	—
5	340	1,7	3200	180	2	—	21	—	26	—	4	—
					nach O.-T.		nach U.-T.		vor U.-T.		nach O.-T.	

12 bis 15 mm vor der Ä.-T.

tor.

	100	1,25	2400 2500	185 210	—	15	—	an der I.-T.	—	64	—	15
	150	1,3	2500	205 210	—	15	—	I.-T.	—	64	—	15
	190	1,2	2550 2650	250 220	—	15	—	I.-T.	—	64	—	15
					nach Ä.-T.				vor I.-T.		nach Ä.-T.	

vor der Ä.-T.

achstern-Typen sind.

wichte.

= **cbdm.**

sser	Schmieröl	Benzol	Petroleum	Benzin (schwer)	Benzin (seicht)	
000	910	900	800	700—750	640—700	Gramm
1	0,91	0,9	0,8	0,7—0,75	0,64—0,7	kg.

II. Kapitel.

Der Standmotor.

A.) Arbeitsgang.

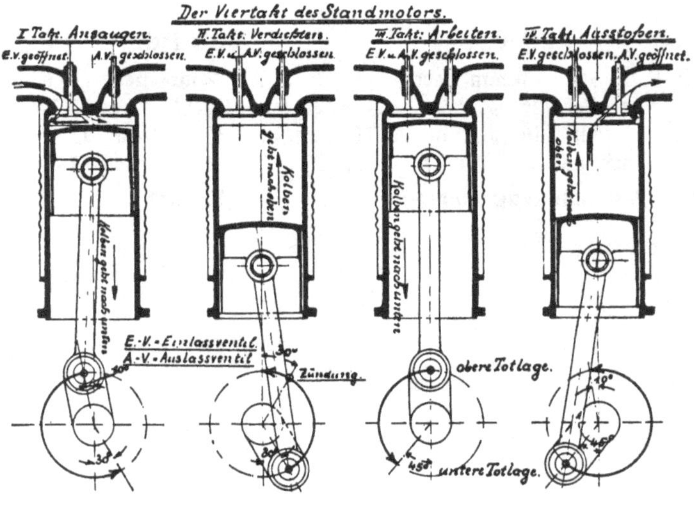

Fig. 1.

Einstellen der bekanntesten Standmotor-Typen.

	Mercedes 100 u. 120 PS.	Benz 110 PS.
E.-V. öffnet	2 mm nach O.-T. . . .	2 mm nach O.-T.
„ schließt	10 „ „ U.-T. . . .	12 „ „ U.-T.
A.-V. öffnet	16 „ vor U.-T. . . .	20 „ vor U.-T.
„ schließt	1 „ nach O.-T. . . .	4 „ nach O.-T.
	(Frühzündung 12—15 mm)	(14 mm)

	160 PS.		150 PS.
E.-V.	öffnet 1,6 mm nach O.-T.	. . .	2 mm nach O.-T.
„	schließt 10 „ „ U.-T.	. . .	13 „ „ U.-T.
A.-V.	öffnet 18 „ vor U -T.	. . .	22 „ vor U.-T.
„	schließt 1,2 „ nach O.-T.	. . .	4 „ nach O.-T.
	(Frühzündung 15 mm)		**(15 mm)**

	220 PS.		200 PS.
E.-V.	öffnet 1,6 mm nach O.-T.	. . .	2 mm nach O.-T.
„	schließt 10 „ „ U.-T.	. . .	21 „ „ U.-T.
A.-V.	öffnet 18 „ vor U.-T.	. . .	26 „ vor U.-T.
„	schließt 1,2 „ nach O.-T.	. . .	4 „ nach O.-T.
	(Frühzündung 16 mm)		**(16 mm)**

1.) Das Arbeiten des Mercedes-Motors 160 PS.

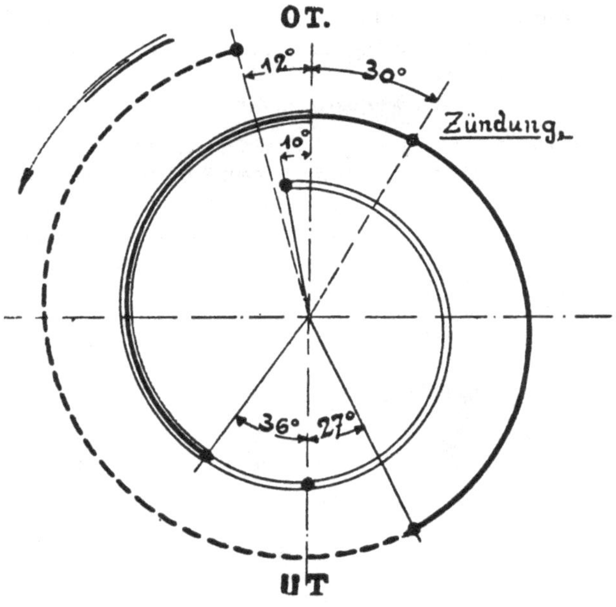

Fig. 2.

I. Takt: **Das Ansaugen** – – – – – beginnt 1,6 mm (12⁰) nach der O.-T., endet bei 10 mm (27⁰) nach der U.-T.
Auslaßventil geschlossen, Einlaß-Ventil geöffnet.

II. Takt: **Das Verdichten** ———— beginnt 10 mm (27⁰) nach der U.-T., endet bei der O.-T.
Zündung erfolgt 12 bis 15 mm (30⁰) vor der O.-T.

III. Takt: **Das Arbeiten** ═══════ beginnt bei der O.-T., endet 18 mm (36°) vor der U.-T.

Ein- und Auslaß-Ventil geschlossen.

IV. Takt: **Das Auspuffen** ═══════ das Ausströmen beginnt 18 mm (36°) vor der U.-T. bis zur U.-T., dann folgt das Ausstoßen bis zur O.-T. Von der O.-T. bis 1,2 mm (10°) nach der O.-T. erfolgt das Ausspülen und Einsaugen von frischer Luft.

Einlaß-Ventil geschlossen, Auslaß-Ventil geöffnet.

Anmerkung: Die () eingeklammerten Zahlen sind Kurbeldrehwinkel-Grade gegenüber dem Kolbenhub in mm.

2.) Das Arbeiten des Benz-Motors 160 PS.

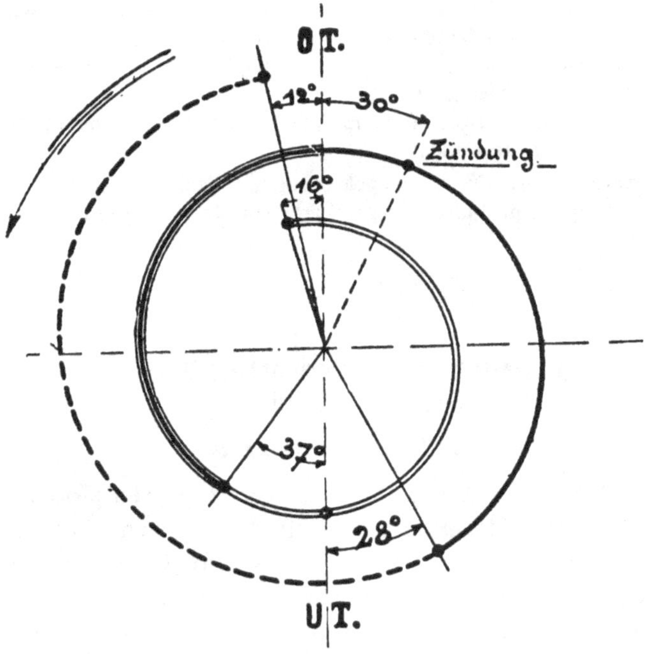

Fig. 3.

I. Takt: **Das Ansaugen** ------ beginnt 2 mm (12°) nach der O.-T., endet 13 mm (28°) nach der U.-T.
Auslaßventil beginnt zu schliessen, Einlaßventil öffnet.

II. Takt: **Das Verdichten** ——— beginnt 13 mm (28°) nach der U.-T. und endet an der O.-T.
Zündung erfolgt 12 bis 15 mm (30°) vor der O.-T.
Ein- u. Auslaßventil geschlossen.

III. Takt: **Das Arbeiten** ═══ beginnt bei der O -T., endet 22 mm (37⁰) vor der U.-T.

Ein- und Auslaßventil geschlossen.

IV. Takt: **Das Ausstoßen** ═══ das Ausströmen beginnt 22 mm (37⁰) vor dem U.-T. bis U.-T, dann folgt das Ausstoßen bis zur O.-T. Von der O.-T. bis 4 mm (16⁰) nach der O.-T. erfolgt das Ausspülen bezw. Einsaugen von frischer Luft.

Auslaßventil offen, Einlaßventil geschlossen, bereits zu öffnen begonnen.

Anmerkung: Die ( ) eingeklammerten Zahlen sind Kurbeldrehwinkel-Grade gegenüber dem Kolbenhub in mm.

Arbeitsgang der vier Takte.

(Siehe Fig. 2 u. 3.)

I. Takt. **Ansaugen.**

Das Ansaugen beginnt nach der oberen Totlage und dauert bis etwa 30° nach der unteren Totlage. Das Oeffnen des Einlaßventils erfolgt deshalb erst nach dem oberen Totpunkt, damit die noch im Zylinder verbliebenen und verbrannten Gase von der einströmenden frischen Luft ausgespült werden.

Ein früheres Oeffnen würde zu Vergaserbränden führen, mindestens aber zu einer unvollkommenen Zylinderfüllung, da durch den noch vorhandenen Ueberdruck der verbrannten Gase die frischen Gase zurückgeschleudert bzw. entzündet werden.

Das Ansaugen ist bei der unteren Totlage noch nicht beendet, vielmehr bleibt das Einlaßventil noch einige Zeit über den unteren Totpunkt hinaus geöffnet. Hierdurch gelangt eine größere Gasmenge in den Zylinder, denn die durch die Saugwirkung in Bewegung gesetzte Gassäule kommt, wenn der Kolben wieder nach oben geht, nicht sofort zum Stillstand, sondern drängt infolge des Beharrungsvermögens noch nach.

II. Takt. **Verdichten.**

Das Verdichten beginnt etwa 30° nach dem unteren Totpunkt, wobei bei 30° vor dem oberen Totpunkt die Zündung erfolgt. Beim Anlassen und Langsamlauf darf die Zündung aber erst erfolgen, wenn der Kolben seinen oberen Totpunkt überschritten hat und bereits wieder nach unten geht.

Spätzündung erwärmt den Motor mehr wie Frühzündung, da das Gemisch hierbei langsamer verbrennt und den Zylinder mit höherer Temperatur verläßt.

III. Takt. **Arbeiten.**

Der Arbeitstakt (Verbrennung) beginnt bei der äußeren Totlage und dauert bis etwa 40° vor dem inneren Totpunkt, wo das Auslaßventil zu öffnen beginnt.

IV. Takt. **Ausstoßen.**

Der vierte Takt beginnt etwa 40 ° vor dem unteren Totpunkt und ist an dem oberen Totpunkt zu Ende. Das Auslaßventil bleibt aber noch über den oberen Totpunkt geöffnet, damit der Kolben, der jetzt bereits wieder von oben nach unten geht, frische Luft durch das geöffnete Auslaßventil ansaugen kann und dadurch den Verdichtungsraum des Zylinders von den noch daringebliebenen verbrannten Gasen reinigt und frische Luft einsaugt.

Die Gase besitzen in dieser Kolbenstellung, in der das Auslaßventil öffnet, noch einen Ueberdruck und treten demzufolge aus dem Zylinder aus, trotzdem der Kolben hierbei noch nach unten geht, eigentlich noch Saugwirkung hätte.

Der Ueberdruck der verbrannten Gase sucht sich somit mit dem Druck der atmosphärischen Luft auszugleichen, sodaß man vom Beginn des Oeffnens des Auslaßventils bis zur unteren Totlage von einem Ausströmen im Gegensatz zum nunmehr folgenden Ausstoßen spricht. Der Kolben findet von dem unteren Totpunkt ab ein Gemisch von nur geringer Spannkraft vor, das er nun, ohne viel Arbeit zu leisten, leicht ausstoßen kann.

Nach dem oberen Totpunkt beginnt das Arbeitsspiel von neuem.

B.) Bemerkenswerte Kurbel- u. Kolbenstellungen der einzelnen Zylinder.

Die Zylinder des 6 Zylinder-Standmotors werden gezählt, beginnend bei dem Zylinder, der dem Propeller zunächst steht, diesen mit 1 bezeichnend. (Siehe nachstehende Tabelle Seite 27 in der Reihenfolge 1, 2, 3, 4, 5, 6.) In der Arbeitsweise ist die Reihenfolge der Zylinder 1, 5, 3, 6, 2, 4.

Gleiche Kolben- u. Kurbelstellungen haben:

Zylinder:

1 und **6**

5 „ **2**

3 „ **4**

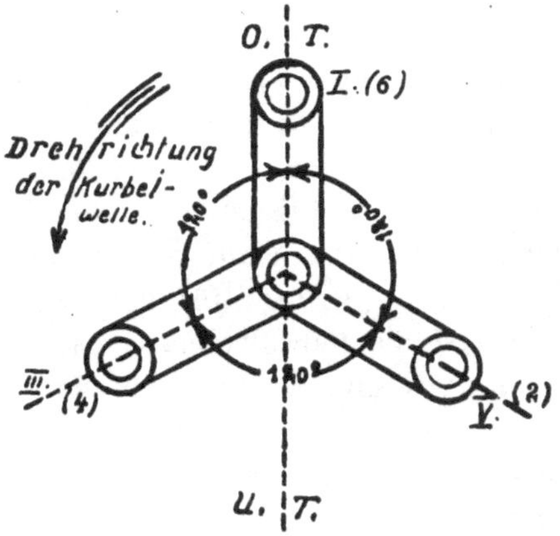

Fig. 4.

Arbeitsweise der einzelnen Zylinder gleichzeitig,
wenn beispielsweise Zylinder 1 im Beginn des Saugens:

1	2	3	4	5	6
saugt	verdichtet	arbeitet	saugt	stößt aus	arbeitet
verdichtet	arbeitet	stößt aus	verdichtet	saugt	stößt aus
arbeitet	stößt aus	saugt	arbeitet	verdichtet	saugt
stößt aus	saugt	verdichtet	stößt aus	arbeitet	verdichtet

1	5	3	6	2	4
saugt	stößt aus	arbeitet	arbeitet	verdichtet	saugt
verdichtet	saugt	stößt aus	stößt aus	arbeitet	verdichtet
arbeitet	verdichtet	saugt	saugt	stößt aus	arbeitet
stößt aus	arbeitet	verdichtet	verdichtet	saugt	stößt aus

C.) Einzelteile des Motors.

1. Zylinder.

Der Zylinder ist aus Spezial-Grauguß, geschmiedeten oder geschweißten Stahl gefertigt.

Bei Mercedes, Benz und Argus werden die Zylinder vor dem Aufschweißen der Kühlmäntel auf ihrer ganzen Höhe innen und außen bearbeitet.

Ausschlaggebend für die Wahl gußeiserner Zylinder ist die unbestreitbare Tatsache, daß Gußeisen für Kolben und Zylinder ein unübertreffliches Laufmaterial ist, während z. B. bei Stahlzylindern, besonders bei Nachlässigkeiten in der Schmierung, sehr leicht ein Festfressen der Kolben eintritt.

Um die an den Zylinderwänden während des Verbrennungsvorganges sich ansammelnde Wärme energisch abzuführen, wird bei den Standmotoren fast ausschließlich Wasserkühlung angewandt. Dieses wird durch über die Zylinder gestülpte Kühlwassermäntel, die einen Raum um die Zylinderaußenwand für Wasserzirkulation bilden, vorzüglich gelöst.

Die Verbindung des Kühlmantels mit dem Zylinder geschieht durch Aufwalzen und Verstemmen, Aufschweißen. Bei paarweise gegossenen Zylindern ist der Mantel mit dem Zylinder zusammengegossen.

Die Möglichkeit des Leckwerdens der Blechkühlmäntel bildet den Nachteil gegenüber den gegossenen schwereren Mänteln.

Um den verschiedenen Ausdehnungskoeffizienten der Materialien von Zylinder und Kühlmantel zu entsprechen, wird der Kühlmantel stellenweise wellrohrartig ausgebildet.

Um Festfressen des Kolbens an der Zylinderwandung zu verhindern, sind die zwei oberen Drittel des Hubes vom Wasser umspült, um die hohe Verbrennungstemperatur hier sicher abzuführen.

Die Wasserkühlung geschieht mittels Zirkulationspumpe bei einer Wassergeschwindigkeit von ~ 0,6 m in der Sekunde.

Beim Flugzeugmotor gehen etwa 15 Prozent der gesamten Wärme des Brennstoffes in das Kühlwasser über, ferner wird durch den kräftigen Luftstrom der Schraube, durch die blanken zum Motor führenden Leitungen andererseits schon eine beträchtliche Wärmemenge abgeführt. Unterstützt wird diese Wärmeabfuhr noch dadurch, daß die Auspuffgase unmittelbar ins Freie münden. Für den Verbrennungsraum ist die Halbkugelform die günstigste, denn sie meidet das Festsetzen unverbrannter Teile in Winkelräumen. Ferner bietet die Kugelform den Gasen die geringste Abkühlungsfläche im Verhältnis zu ihrem Inhalte zur Zeit des Arbeitshubes nach der Explosion. Der mittlere Druck wird daher infolge der kleineren Abkühlungsfläche des Verbrennungsraumes höher sein. Auch während der Saugperiode, in der das kalt eintretende Gasgemisch sich auf Kosten der Zylinderwärme ausdehnt, wird die geringe wärmeabgebende Oberfläche des halbkugelförmig gestalteten Verbrennungsraumes günstig wirken. Die Ausdehnung des Gasgemisches wird kleiner, der thermische Wirkungsgrad des Verbrennungsprozesses höher und dadurch auch die Leistung größer sein.

2. Kolben.

Der Kolben ist aus Spezialgußeisen, seltener aus Stahl gefertigt, weil Guß auf Guß gut läuft.

Der Kolben dient dazu, den Explosionsdruck (durchschnittlich etwa 25 kg pro cm²), d. h. die Arbeitsübertragung auf den Kolbenbolzen und auf die Pleuelstange bzw. auf die Kurbelwelle zu übertragen. Die Kolbenfläche, besonders der untere Teil des Kolbens dient mit als Kreuzkopfbahn. Um eine gute Schmierung zu ermöglichen, darf der Normaldruck auf die Projektion der Kolbenfläche eine zulässige Grenze von $p_{max.} = 18$ bis 24 kg/cm nicht überschreiten. Der Kolben muß nach unten gasdicht abschließen. Sein Durchmesser muß etwas kleiner sein, wie der des Zylinders, da beide verschiedene Dehnung besitzen.

Auch soll der Kolben möglichst leicht gehalten werden.

Der mittlere Kolbendruck beträgt etwa 6,5 bis 7,5 Atmosphären.

2a) Kolbenringe.

Zur Abdichtung des Kolbens gegen den Explosionsdruck der Gase dienen die Kolbenringe, die sich infolge ihrer federnden Spannung gegen die Zylinderwand pressen und so das Abdichten bewirken.

Ihre Herstellung erfolgt aus Spezial-Gußeisen.

Die Anzahl der Kolbenringe beträgt 2 bis 4 Stück. Bei den Kolbenringen ist stets auf peinliche Sauberkeit zu achten.

2 b) Kolbenbolzen.

Die Kolbenbolzen haben den Explosionsdruck aufzunehmen. Sie werden sehr warm, sind schlecht zu ölen, was teilweise mit auf die ziemlich hohe Flächenpressung zurückzuführen ist, so daß der Verschleiß der Bolzen ein ziemlich großer ist.

Es muß deshalb auf die Herstellung der Bolzen die größte Sorgfalt gelegt werden. Zur Verwendung darf nur ein vollkommen einwandfreies Material gelangen. (Vergüteter Stahl.)

Die Bolzen müssen ferner sehr gut gehärtet und geschliffen sein, um den großen Verschleiß möglichst niedrig zu gestalten und ein Fressen der Bolzen in ihren Büchsen zu vermeiden.

3. Ventile.

Der im Viertakt arbeitende Flugmotor besitzt an jedem Zylinder ein Ein- und Auslaßventil, die neuesten Motore je 2 Ein- und Auslaßventile.

Die Ventile sitzen beim Standmotor im Zylinderkopf. Diese Anordnung ist am vorteilhaftesten, denn sie wird der Forderung nach einem möglichst kleinen Verhältnis zwischen der dem Kühlwasser ausgesetzten Oberfläche des Verbrennungsraumes und dem Saugvolumen gerecht. Zwangläufige Steuerung beider Ventile bietet größte Betriebssicherheit.

Die Ventile werden durch Stößelstangen oder Spindel mit Schwinghebel geöffnet, die durch Federkraft mit dem unteren Rollenende gegen die auf der Steuerwelle sitzenden Nocken gedrückt werden und das betreffende Ventil im geeigneten Augenblick öffnen.

Die Ventilfedern bewirken beim gesteuerten Ventil den Schluß innerhalb kürzester Zeit. Ihre Befestigung und Sicherung hat äußerst sorgfältig zu geschehen. Es ist stets darauf zu achten, daß die Ventile dicht halten, sonst würden Verdichtungs-(Kompressions-) Verluste eintreten, wodurch wiederum sich eine geringere Leistung des Motors ergeben würde.

4. Pleuelstange.

Die Pleuelstangen werden aus vergütetem Stahl, Nickelstahl, Chromnickelstahl und Elektrostahl hergestellt, entweder im Gesenk geschmiedet oder gepreßt.

Der Pleuelstangenkopf ist als zweiteiliger Marinekopf ausgebildet und führt von hier aus die Oelleitung nach dem Kolbenbolzen.

Die Beanspruchung der Pleuelstange ist in der Hauptsache auf Zug und Druck.

5. Kurbelwelle.

Die Kurbelwelle leitet den Explosionsdruck als Drehmoment weiter auf den Propeller.

Hergestellt ist die Kurbelwelle aus Chromnickelstahl und wird diese einschließlich der Kurbelzapfen wegen Gewichtserleichterung hohl ausgebohrt.

Die Ausbohrungen, mit einander verbunden, werden als Oelleitungen für die Schmierung der einzelnen Haupt- und Kurbelzapfenlager benützt.

Jeder der sechs Kurbelzapfen ist zweimal gelagert.

6. Kurbelgehäuse.

Das Material, aus dem das Kurbelgehäuse hergestellt ist, ist eine Aluminiumlegierung von etwa 85 Prozent Alm., 10 Prozent Zinn, 5 Prozent Kupfer. Auch Formguß aus Nickelaluminium findet Verwendung.

Das Kurbelgehäuse besteht aus zwei Teilen. Die Lagerung der Welle findet im oberen und unteren Teile statt. Die untere Schale des geschlossenen Gehäuses dient als Oelkammer und ist durch Rippen, die gleichzeitig der Versteifung dienen, in einzelne Oelkammern geteilt, um bei Schrägfahrt Oelarmut einzelner Zylinder zu verhindern.

Der vordere Gehäuseteil ist vorteilhaft schnabelartig herausgezogen, um dadurch den eingekapselten Motor in eine schlanke Haube von geringem Luftwiderstande hineinsetzen zu können.

Am tiefsten Punkte des Gehäuses befindet sich die Oelpumpe.

7. Steuerung.

Sie wird in bekannter Art durch die Steuerwelle besorgt, deren Bewegung beim Standflugmotor durch Stirn- oder Schraubenränder mittelst Uebersetzung von 1 : 2 von der Kurbelwelle aus erfolgt. Von den auf der Steuerwelle sitzenden Nocken werden die Stößelstangen und von diesen die Doppelkipphebel bzw. Ventile betätigt.

8. Zündung.

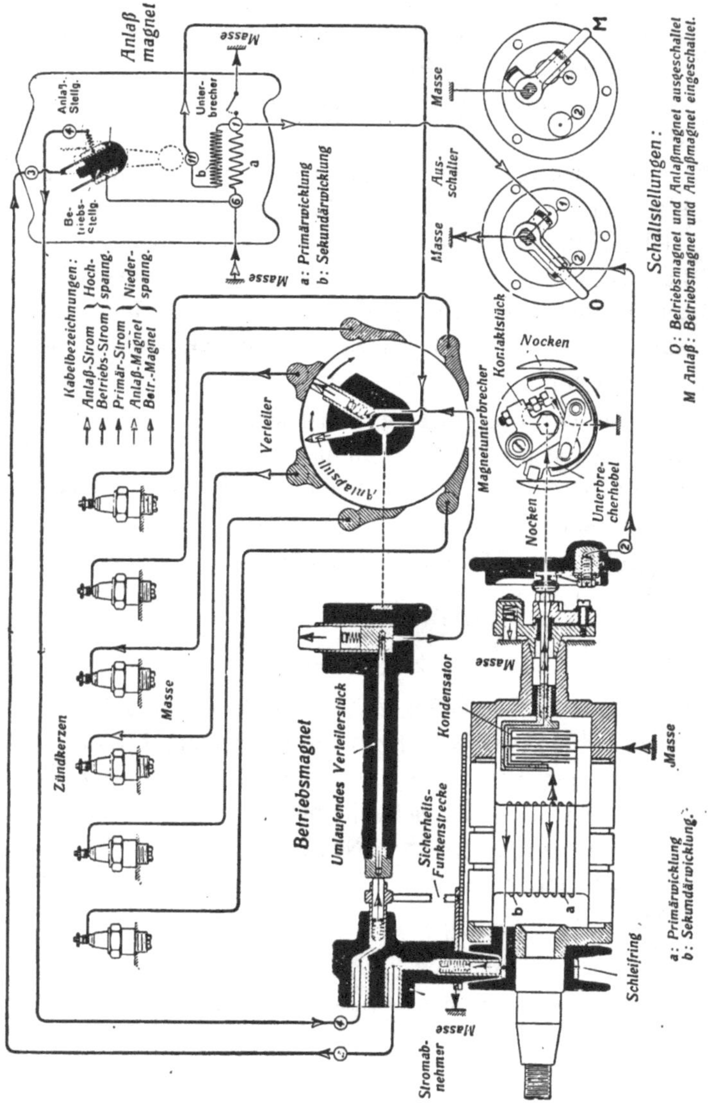

Fig. 5.

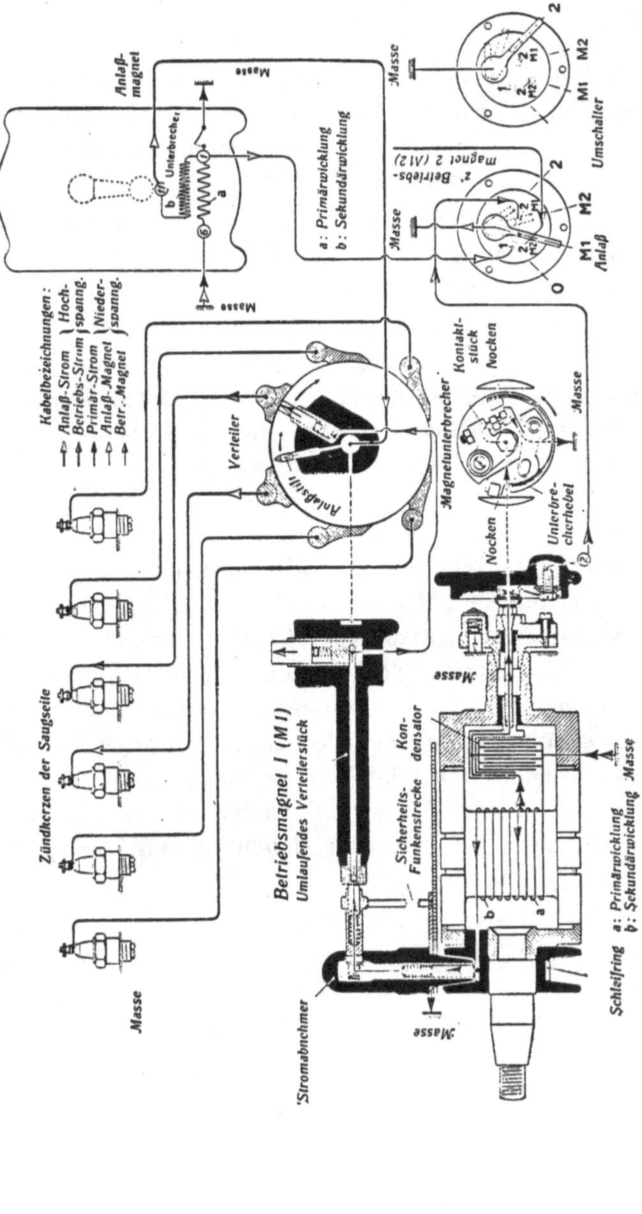
Kabelbezeichnungen:
Anlaß-Strom
Betriebs-Strom
Hoch-spanng.
Primär-Strom
Anlaß-Magnet
Betr.-Magnet
Nieder-spanng.
Anlaß-magnet
Unterbrecher
Masse
a: Primärwicklung
b: Sekundärwicklung
z. Betriebs-magnet 2 (M 2)
Masse
Anlaß
Umschalter
M1
M2
Zündkerzen der Saugseite
Masse
Verteiler
Anlaßstift
Magnetunterbrecher
Kontakt-stück
Nocken
Unterbre-cherhebel
Betriebsmagnet I (M I)
Umlaufendes Verteilerstück
Sicherheits-Funkenstrecke
Kon-densator
Stromabnehmer
Schleifring
a: Primärwicklung
b: Sekundärwicklung

Fig. 6.

a) Magnetapparat.

Zur Entzündung des im Zylinder verdichteten Gasgemisches bedient man sich des im Magnetapparat erzeugten elektrischen Hochspannungszündfunkens. (Lichtbogenzündung.)

Der Magnetapparat besteht aus einem kräftigen hufeisenförmigen Stahlmagneten, zwischen dessen Polschuhen sich ein doppel-T-förmiger Anker mit Transformatorwicklung dreht.

Die Wicklung des Ankers besteht aus zwei Spulen, aus der Primärspule, bestehend aus wenigen Windungen dicken Drahtes, und der Sekundärspule, aus vielen Windungen dünnen Drahtes.

Auf der Ankerwelle ist ferner noch der Kondensator, der aus Schichten von Glimmer und Staniolblättchen besteht und der Unterbrecher angebracht.

Sobald sich der Anker dreht und der Unterbrecher geschlossen ist, entsteht in Primärwicklung ein niedrig gespannter Strom, der aus dem Ende der Primärwicklung, das mit dem Anfang der Sekundärwicklung und gleichzeitig mit dem Kondensator verbunden ist, zum Kondensator führt, wo er aufgespeichert wird. Von da wird der Strom weiter durch den geschlossenen Unterbrecher hindurch zur Gehäusemasse geführt.

Da nun der Anfang der Primärwicklung mit dem Anker, also ebenfalls mit der Masse verbunden ist, so haben wir den geschlossenen Stromkreis:

Magnet-Ankermasse — Primärspule — Condensator — Unterbrecher — Gehäusemasse.

Sobald der Unterbrecher unterbricht, entsteht in der Sekundärwicklung ein hochgespannter Strom, der zur Bildung des Zündfunkens benützt wird.

Zum Schleifring geführt und dort vom Kontakt abgenommen, weiter zum umlaufenden Verteilerstück geleitet, wird durch dessen Drehung der Strom von der Verteilerscheibe vermittels der Kabelleitungen nach dem isolierten mittleren Pol der Zündkerzen der verschiedenen Zylinder geführt.

Dort geht er in Form eines Funkens nach dem Außenpol der Kerze, der mit der Masse des Gehäuses verbunden ist über und bringt dabei die im Zylinder befindlichen, verdichteten Gase zur Entzündung.

Gleichzeitig fließt der im Kondensator aufgespeicherte Strom nach der Zündkerze mit ab und verstärkt dadurch den Zündfunken.

Der Stromkreis ist nun folgender:

Magnet-Ankermasse, Primär-, Sekundärspulen — Zündkerze — Gehäusemasse.

Solange der Anker sich dreht, würden die Kerzen dauernd funken. Um die Kerzen nun dauernd außer Tätigkeit setzen zu können (Abstellen des Motors) ist ein Schalter angeordnet.

Dieser muß kurzgeschlossen werden, damit der Strom um den Unterbrecher herum direkt zur Masse gehen kann.

Dieser Weg bietet dem Strom weniger Widerstand als der über die Zündkerze, weshalb die Zündkerze vom Strom freibleibt und nicht mehr funkt.

Der Zündzeitpunkt ist bei veränderlicher Tourenzahl verschieden. Die Regulierung der Geschwindigkeit des Motors kann durch Verstellung des Zündmoments in weiten Grenzen von 300 bis 1400 Umdrehungen in der Minute vorgenommen werden, indem man eine mehr oder minder frühere Vorzündung von 10 bis 30° einleitet.

Die Vorzündung wird eingeleitet, um den Arbeitshub unter vollem Gasdruck zu beginnen, d. h. daß das Gasgemisch zum Verbrennen gebracht wird, bevor der Verdichtungshub zu Ende ist. Würde die Zündung erst im oder nach dem Totpunkt erfolgen, würde die Kompression infolge des bereits wieder abwärtsgehenden Kolbens sinken und die Leistung des Motors zurückgehen.

Um **Störungen am Magnetapparat** zu vermeiden, wolle man folgendes beachten:

Der Apparat darf nicht zu häufig geölt werden, damit sich die Schleifkohlen nicht mit einer Oelschicht überziehen, die das Schließen des Stromes hindern.

Das richtige Oeffnen des Hammers ist mit einem „Bosch"-Schlüssel (0,4 mm) zu prüfen und die Platinkontakte von den etwa angesetzten schwarzen Perlen vorsichtig zu säubern.

Oeffnet der Unterbrecher nicht richtig, so funkt er. Auch kann die Feder des Unterbrecherhammers, wie der Fiberstift, den derselbe trägt, gebrochen sein.

b) Zündkerze.

Die Zündkerze ist stets sauber zu halten, damit sie nicht durch Verrussung am Zünden verhindert wird. Die sämtlichen Elektroden sollen von der mittleren gleichen Abstand haben, damit der Funke nicht nur nach einer Elektrode überspringt. Will man eine Kerze auf richtiges Arbeiten prüfen, so ist sie mit dem Magnetapparat zu verbinden, dieser zu drehen und die Kerze dabei auf eine Metallmasse zu legen.

Man kann dann das Uebergehen des Funkens genau verfolgen und weiß, ob die Kerze richtig isoliert ist und nicht etwa innen Schluß besitzt.

9. Vergaser.

Der wichtigste und empfindlichste aller Nebenapparate des Flug-Standmotors ist der Vergaser. Er bezweckt die Erzeugung des Benzin- und Luftgemisches, indem die vom Kolben angesaugte Luft über die in den Mischraum hineinragende Benzindüse des Vergasers streicht, den Brennstoff infolge des Unterdrucks während der Saugperiode mitreißt, zerstäubt und vergast. Durch die Zerstäubung mittelst einer Spritzdüse wird eine innige Mischung mit der zum Verbrennen notwendigen Luft erreicht.

Ein gut arbeitender Vergaser soll das jeweilige Explosionsgemisch der Motorgeschwindigkeit anpassen, d. h. zwischen angesaugter Luft- und Benzinmenge soll ein proportionales Verhältnis bestehen, so daß er bei voller Tourenzahl, also bei starker Luftleere im Vergaserraum wesentlich ärmeres Brennstoffgemisch liefert als bei niedriger Umlaufzahl; dann wird der Brennstoffverbrauch auch stets ein günstiger sein.

Die schwierige Aufgabe des Flugmotors, beim Aufsuchen großer Höhen und geringerem Sauerstoff-

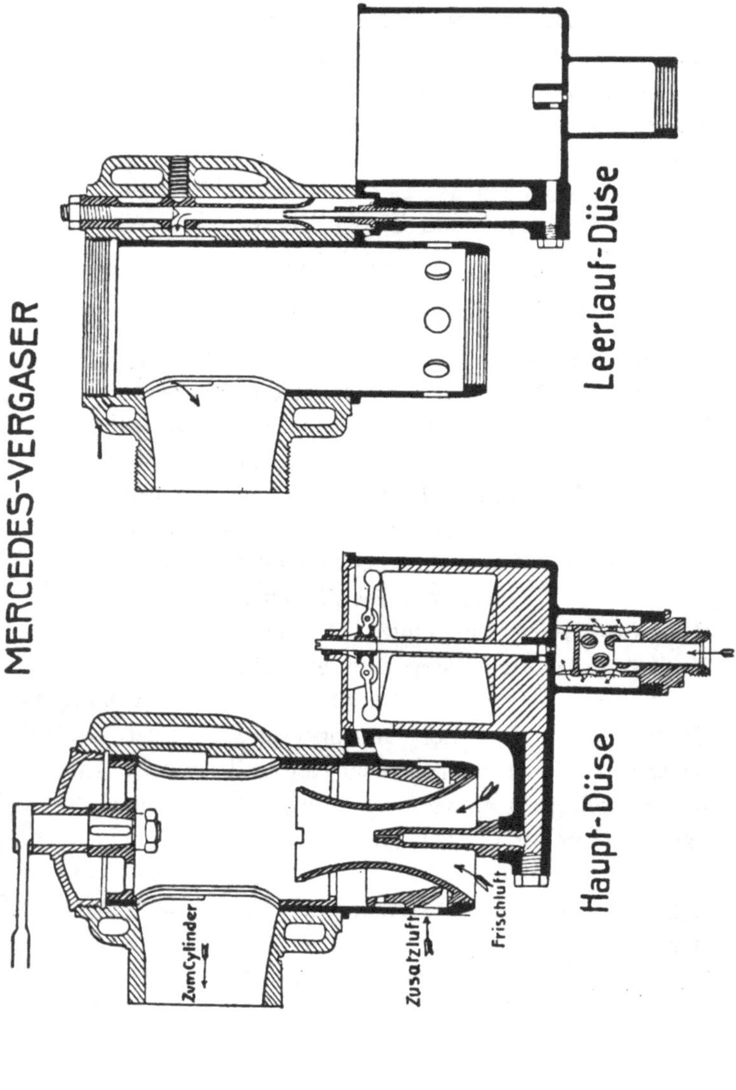
MERCEDES-VERGASER
Leerlauf-Düse
Haupt-Düse
Zum Cylinder
Zusatzluft
Frischluft

Fig. 7.

gehalt betriebssicher zu arbeiten, läßt sich nur mittels eines tadellos funktionierenden Vergasers erfüllen; auch darf die hier herrschende geringe Temperatur kein Vereisen des Vergasers herbeiführen.

Für Vorwärmung der nach dem Vergaserraum tretenden Verbrennungsluft wird zumeist durch die Auspuffgase oder durch warmes Kühlwasser Vorsorge getroffen.

Die Verbrennung im Zylinderraum geschieht mit etwa 10 bis 20 Prozent Luftüberschuß.

Die zur Ueberführung von Benzin in den gasförmigen Zustand benötigte Verdampfungswärme beträgt einen verschwindenden Prozentsatz, etwa 1 Prozent der im Brennstoff enthaltenen Wärmemenge.

Der Vergaser wird bei Mercedes als Doppel-Schwimmervergaser und bei Benz in zwei Einzelvergaser, von denen je einer drei nebeneinanderliegende Zylinder bedient, zur Ausführung gebracht.

Die Hauptbestandteile des Vergasers sind das Gehäuse, die Schwimmer mit ihren Reguliernadeln, Filtriersieb, Leerlaufdüsen, Hauptdüsen und Drosselschieber. Von dem Schwimmergehäuse führt je ein Kanal zur Leerlauf und Hauptdüse.

Die Leerlauf-Vorrichtung stellt einen kleinen Vergaser für sich dar, dessen Querschnitte so klein bemessen sind, daß die Zylinder nur ein kleineres Quantum an sich richtiges, gut brennbares Luft- und Benzingemisch erhalten, die es ermöglicht, den Motor auf etwa 300 Touren zu halten. Der hierbei bei dem Drosselschieber eingestellte enge Luftquerschnitt erzeugt beim Andrehen der Maschine von Hand genügend Luftgeschwindigkeit, um Benzin aus der Leerlaufdüse im richtigen Mischungsverhältnis durch den Kanal mitzureißen. Die Zylinder erhalten dabei ein Gemisch, durch dessen Entflammung der Motor leicht in Gang zu setzen ist.

Die vorstehend angegebene Luftgeschwindigkeit genügt nicht, um Brennstoff aus der Hauptdüse mitzureißen.

Soll der Motor auf volle Touren gebracht werden, so ist der Drosselschieber allmählich zu öffnen. Durch den dabei eintretenden stärkeren Luftstrom wird nunmehr teilweise bis ausschließlich Brennstoff aus der Hauptdüse mitgerissen und die Zylinder erhalten zur Erzielung der vollen effektiven Leistung das hierzu verlangte Gasgemisch.

Zur Erzielung einer besseren Vergasung wird das Gasgemisch vor Eintritt in die Zylinder mittels warmer Luft des Kurbelgehäuses wie bei Benz oder dadurch vorgewärmt, daß das heiße Kühlwasser der Zylinder den Vergaser durchströmt und auf diese Weise die Luft vorwärmt, wie es beispielsweise bei Mercedes zur Aufführung gelangt.

Besonders wertvoll für gute Vergasung und Verbrennung ist die Vorwärmung der Luft bei Verwendung von Benzol als Betriebsstoff.

Die Regelung des Gasgemisches wird im Flugzeug vom Führersitz mittels Drahtzügen durch Betätigung des Drosselschiebers vorgenommen.

10. Kühler.

Das Kühlwasser durchläuft zwischen Kühlmantel des Zylinders und Kühler den nachstehend beschriebenen Kreislauf.

Das Kühlwasser tritt in den doppelwandigen Verbrennungsraum des Zylinderkopfes oder in die durch aufgelötete oder aufgezogene Stahl- oder Kupferblechmäntel hergestellten Zwischenräume von tief unten ein und an der obersten Stelle heraus; es gibt beim Durchrieseln des Kühlers die Wärme an die Kühlwandung ab und wird von einer von der Steuerwelle aus betätigten Wasserpumpe von neuem angesaugt, um wiederum durch Kühlhemd und Kühler durchgedrückt zu werden.

Die Kühlwirkung der Kühler beruht darauf, daß die Wärme beim langsamen Durchgange durch die große Kühlfläche von der durchziehenden Luft fortgeführt wird, dabei muß auf möglichst kleinen Raum eine große Kühlfläche untergebracht sein. Nach Art der Rippenrohre werden zur Vergrößerung der Kühlfläche die Kühlröhren mit schraubenförmig angeordneten Blechrippen versehen.

Am gebräuchlichsten ist der Zellen- oder Lamellenkühler, bei dem die Zellen aus an den Enden verlöteten, ca. 0,2 mm starken Metallröhrchen mit kreisförmigem; besser linsenförmigem Querschnitt hergestellt sind.

Beim Flugmotor ist eine kräftige Kühlung Haupterfordernis.

Sie wird durch den von der Schraube erzeugten Luftstrahl, der den Motor umspült, unterstützt.

Die Luft streicht durch das Innere der Röhre, längs deren Oberfläche das Wasser in schmalen Streifen herabläuft.

Die Montage des Kühlers geschieht entweder mit Rücksicht auf den Stirnwiderstand mit der Längsachse in der Flugrichtung oder wegen der besseren Kühlwirkung, trotz des damit verbundenen größeren Luftwiderstandes quer zur Flugrichtung. Das Eigengewicht beträgt bei 100 PS. etwa 15 kg und kann ferner für 1 PS. Motorleistung etwa 0,25 m^2 Kühlfläche angenommen werden. Bei Umlaufmotoren erübrigt sich natürlich die Anordnung eines Kühlers, da die Zylinder luftgekühlt werden.

11. Oelpumpe.

Man unterscheidet beim Standmotor drei Arten von Oelpumpen; Niveau - Umlauf- und Frisch - Oelpumpen, die alle drei in einer vereinigt sich unten im Gehäuse befindet und von der Kurbelwelle mittels Zahnrad, Spindel, Schnecke und Schneckenrad angetrieben, und eine Kolbenpumpe ist. Der Zusatz an Frischöl beträgt etwa 4 : 5 Prozent (1 : 25).

12. Wasserpumpe

Die von der Kurbelwelle aus angetriebene Wasserpumpe ist eine Kreiselpumpe.

Von der Wasserpumpe wird das Kühlwasser, das derselben von dem Kühler zuläuft, nach den Kühlmänteln der Zylinder gedrückt, von wo aus es wiederum dem Kühler zwecks Rückkühlung zuläuft, um im steten Kreislauf der Wasserpumpe wieder zuzulaufen.

Die Eintrittstemperatur des Kühlwassers in den Zylinder beträgt am besten etwa 60 bis 65° C., soll jedoch 75 ° C. nicht übersteigen, jedenfalls darf der Motor nicht in Betrieb gehalten werden, falls die Temperatur des Kühlwassers 80 ° und mehr erreicht.

D.) Leistungsmessung des Motors.

Berechnung der Leistung des Motors.

(Siehe Umlaufmotor Seite 97.)

E.) Berechnung des Brennstoff- und Oelverbrauches.

1.) Berechnung des Brennstoff-Verbrauches.

Als Mittelwert des Brennstoffverbrauches pro PS.-Stunde kann 200—230 Gramm angenommen werden.

Zur Berechnung des Brennstoffverbrauches der einzelnen Typen sei als Mittelwert angenommen, bei der:

150 PS.-Maschine ein Benzinverbrauch von 220 gr
200 PS.- „ „ „ „ 210 gr

pro PS.-Stunde bei einem spezifischen Gewicht des Benzins von $\gamma = 700$.

1. Beispiel:

Gesucht: Wie groß ist der Brennstoffverbrauch pro Stunde bei einem 150 PS.-Motor, der 160 PS. geleistet hat in Kilogramm und Liter?

Gegeben: Leistung des Motors 160 PS.
Benzinverbrauch des Motors pro PS.-Stunde = 220 gr.
Spezifisches Gewicht des Benzins 700 gr pro Liter.
Berechnet:

$$160 \times 220 \cong 35200 \text{ gr} \cong \mathbf{35\ kg} \text{ Benzin pro Stunde}$$

$$\text{oder} \quad \frac{35000}{700} = \mathbf{50\ Liter.}$$

2. Beispiel:

Gesucht: Wie groß ist der Benzinverbrauch bei einem 200 PS.-Motor, der beispielsweise 220 PS. geleistet hat in kg und Liter pro Stunde.
Gegeben: Leistung des Motors 220 PS.
Benzinverbrauch des Motors pro PS.-Stunde = 210 gr.
Spezifisches Gewicht des Benzins 700 gr pro Liter.
Berechnet: Benzinverbrauch pro Stunde:

$$220 \times 210 = 46200 \text{ gr} \cong \mathbf{46\ kg}$$

$$\text{oder} \quad \frac{46200}{700} = \mathbf{66\ Liter.}$$

Anmerkung: Stellt man diese Resultate denen des Gnom-Motors gegenüber, so ergibt sich, daß der 100 PS.-Gnom ungefähr den gleichen Benzinverbrauch hat wie der 150 PS.-Benz und Mercedes, das Gleiche gilt für den 160 PS.-Gnom gegenüber dem 220 PS.-Gnom und Mercedes.

2.) Berechnung des Oelverbrauches.

Oelverbrauch schwankt zwischen 15—25 gr pro PS.-Stunde.

Oelverbrauch	beim	100	PS.-Standmotor	ca.	15 gr
„	„	150	„	„	17,5 „
„	„	200	„	„	20 „

pro PS.-Stunde.

Spezifisches Gewicht des Schmieröls $\gamma = 0{,}800$ kg.

Beispiel:

Gesucht: Wie groß ist der Schmierölverbrauch bei einem 150 PS.-Standmotor, der 160 PS. geleistet hat in einer Stunde?

Gegeben: Leistung des Motors 160 PS.

Oelverbrauch pro PS. - Stunde = 17,5 gr = 0,0175 kg.

Spezifisches Gewicht des Schmieröls $\gamma = 0{,}800$ kg.

Berechnet:

$160 \times 17{,}5 = 2800$ gr = **2,8 kg pro Stunde**

oder $\frac{2800}{800}$ = **3,5 Liter pro Stunde.**

Verbrauch von Benzin und Oel für einen Stundenflug.

Motorgröße in PS.		100	150	200
Benzin	kg	25	35	50
Spezifisches Gewicht $\gamma = 700$ gr .	Liter	35	50	70
Maschinen-Oel	kg	2	3	4
Spezifisches Gesicht $\gamma = 800$ gr .	Liter	2,5	4	5

F.) Inbetriebsetzen des Motors.

1. Vor Inbetriebsetzen des Motors sind folgende Punkte zu beachten:

1. Ob Hauptbenzintank und Fallbenzintank gefüllt sind.

2. Ob genügend Oel im Frischöltank vorhanden ist (siehe Oelstandsglas).

Beim Einfüllen des Benzins in den Behälter müssen die Siebe sauber sein. Man lege über dieselben Filtertuch oder Wildleder, damit das in Benzin etwa enthaltene Wasser ausgeschieden wird.

Beim Einfüllen des Schmieröls ist dasselbe zu beachten.

Bei wagrechtstehender Maschine muß im Kurbelgehäuse eben soviel Oel stehen, daß bei geöffnetem Kontrollhahn Oel auszutreten beginnt. (Nicht vergessen den Hahn wieder zu schließen.)

3. Lufthähne am Kühler öffnen, sodann Wasser auffüllen.

4. Wasserpumpen-Schmierung — Staufferbüchse füllen.

5. Druck auf den Benzintank geben, 0,25 Atm. und überzeugen, ob der Druck hält.

6. Schalter für Zündung auf 0,
Hebel auf Nachzündung stellen.

7. Propeller 6 mal, besser 7 mal über Kompression durchdrehen (Zischhähne schließen).

8. Schalterhebel auf 2 stellen.

9. Anwerfen des Motors durch rasches Drehen des Anlaßmagneten.

10. Den Motor vorerst mit etwa 300 Umdrehungen laufen lassen, dann allmählich durch Oeffnen der Gasdrossel mehr Gas und damit gleichzeitig mehr Frühzündung geben. Umdrehungen auf 600—800 erhöhen und dann auf volle Umdrehungszahl etwa 1300 bis 1400 gehen.

2. In der Luft ist zu beachten:

ob der Druck auf den Benzintank mit etwa 0,25 Atm. vorhanden ist, andernfalls nachpumpen. Hält der Druck nicht, dann rechtzeitig auf Fallbenzin umschalten.

Ob am Tachometer etwa 1400 Umdrehungen angegeben werden.

Jede halbe Stunde einen bis drei Pumpenstöße Oel je nach der Jahreszeit mittels der Handölpumpe in die Steuernockenwelle geben.

3. Abstellen des Motors.

Motor langsamer laufen lassen, durch Einschalten von Spätzündung und teilweise Wegnehmen des Gases.

Zündung ausschalten.

Gas ganz wegnehmen.

Schließen des Benzinhahnes evtl. Ablassen des Druckes.

(Nicht bei voller Umdrehungszahl abstellen, erzeugt leicht Nachzündung, Knallen im Auspuff.)

Reinigen der Ventilsitze, Ventil-Kegel und -Schaft von Oelkohle durch Aufbringung von Petroleum, verhindert bei Wiederinbetriebnahme des Motors Hängenbleiben der Ventile und somit Vergaserbrände.

An kalten Tagen im Winter behängen des Kühlers mit wärmenden Decken oder Ablassen des Kühlwassers aus Pumpe und Kühler; hierbei Lufthähne öffnen.

Störungen am Motor und ihre Beseitigung.

I. Störungen beim Anlassen und Laufen am Stand.

1. Beim Durchdrehen merkt man, daß der Widerstand eines Zylinders zu gering ist.

Ursache: Keine Verdichtung.

a) Ein- oder Auslaßventilkegel durch Oelkruste verschmutzt oder haben sich durch Ueberhitzung verzogen und sind deshalb undicht. Reinigen oder Nachschleifen der Ventilkegel mit Oel und feinem Schmirgel oder Auswechseln derselben.

b) Der Schaft des Ventilkegels reibt sich in seiner Führung und bleibt hängen.

Der Kegelschaft ist an den Reibungsstellen abzuschleifen.

c) Die Ventilfedern sind lahm geworden oder gebrochen:

Auswechseln bzw. durch neue ersetzen.

d) Zündkerze sitzt nicht dicht auf; Dichtungsring derselben ist entzwei:

Zündkerze fester anziehen oder Dichtungsring auswechseln.

e) Kolbenringe sind defekt:

Sind durch neue zu ersetzen.

f) Steuernocken abgenützt; die Ventile schließen dadurch zu spät:

An die Fabrik einsenden.

2. Motor schlägt beim Anlassen zurück:

Zuviel Frühzündung, deshalb mehr Spätzündung geben.

3. Motor springt an, bleibt aber nach einigen Umdrehungen stehen:

a) Nadelventil ist verschmutzt oder bleibt hängen. Durch Hin- und Herdrehen oder Reinigen frei machen.

b) Düse oder Benzinleitung verstopft.

Reinigen, mittels Luftpumpe durchblasen.

4. Motor beginnt plötzlich zu klopfen.

Oelung nicht in Ordnung, Trocken- oder Heißlaufen einzelner Teile, wie Kolben, Lager usw.

5. Motor läuft allmählich langsamer und bleibt dann stehen.

Druck auf Benzin hält nicht.

a) Behälterschraube schließt nicht dicht, oder Luftleitung undicht, so daß der Druck entweicht. Nachziehen derselben.

b) Reduzierventil undicht.

Feder lahm geworden oder gebrochen, evtl. bleibt auch der Kegel hängen. Feder auswechseln, und auf Druck von 0,25 Atm. einstellen.

c) Oelung nicht in Ordnung, Trocken- oder Heißlaufen einzelner Teile, wie Kolben, Lager usw.

Nachsehen, ob genügend Oel vorhanden und ob Oelpumpe und Oelleitungen in Ordnung, ob die Schmierlöcher des Triebwerkes nicht verstopft sind.

d) Kühlung nicht in Ordnung:

Nachsehen ob genügend Wasser vorhanden, ob Kühler und Rohrverbindungen in Ordnung.

6. Knallen des Motors im Vergaser (Vergaserbrand).

a) Kommt häufig bei Motoren vor, bei denen das Einlaßventil früher öffnet als das Auslaßventil schließt.

b) Einlaßventil undicht, schließt nicht infolge von Verschmutzung, deshalb Durchschlagen der Explosionsgase nach der Gasleitung bzw. Vergaser.

Reinigen der Ventilsitze, Federn kontrollieren.

c) Ventil bleibt hängen, Ventilschaft steckt sich in seiner Führungsbüchse; reinigen mittels Petroleum.

d) Kabel falsch angeschlossen, Zündung erfolgt beim Ansaugen, Zündung ändern.

Bei Vergaserbränden Benzinhahn schließen, Motor weiter laufen lassen, damit die brennenden Gase in den Zylinder gesaugt werden.

7. Knallen im Auspuff.

Der betreffende Zylinder kann durch Oeffnen der Kompressionshähne festgestellt werden.

a) Verölte oder verruste Zündkerzen.

Reinigen der Kerzen mittels Benzin und Bürste.

b) Elektrodenabstände falsch.

Abstand der einzelnen Elektroden von einander muß 0,4—0,5 mm sein.

8. Motor raucht und geht unregelmäßig.

Vergaser erhält zuviel oder zu schlechten Brennstoff.

Schwimmerspindel hält nicht dicht oder schließt nicht rechtzeitig ab.

Drehen der Spindel auf ihren Sitz, oder reinigen des Sitzes, nötigenfalls Aufschleifen der Schwimmerspindel.

Auch kann der Schwimmer leck geworden sein. Schwimmer ausbessern oder auswechseln.

9. Motor setzt unregelmäßig aus:

a) Verteilerscheibe, Platinkontakte am Unterbrecher und Schleifkohle verschmutzt, letztere kann auch ebenso wie die Feder gebrochen sein. Reinigen, die defekten Teile auswechseln.

b) Die Platinkontaktschrauben können sich gelockert und verstellt haben; sind festzuziehen und auf das Boschmaß 0,4 mm einzustellen.

10. Einer oder mehrere Zylinder setzen unregelmäßig aus.

a) Verteilscheibe verschmutzt, mit Benzinlappen reinigen.

b) Eine oder mehrere Kerzen verschmutzt, reinigen.

c) Kabelleitung nicht in Ordnung, nachsehen ob richtig angeschlossen, Isolierung kontrollieren.

d) Keine Kompression.

Ventile haben sich durch Ueberhitzung verzogen, bleiben hängen oder sind durch Verschmutzung undicht (siehe unter 1), oder die Isolierung an der Zündkerze entzwei, durch neue zu ersetzen.

e) Dichtung an dem Ansaugrohr defekt, durch neue ersetzen.

11. Plötzliches Aussetzen einer Kerzenreihe.

Die Zündung der Kerzenreihe ist durch Körperschluß im Kurzschlußkabel unterbrochen.

Kabel auswechseln oder die Bruchstelle mit Isolierband umwickeln.

12. Zündung am Motor läßt sich plötzlich nicht mehr abstellen.

Die Ursache ist auf den Bruch des Kurzschluß- oder Massenkabels zurückzuführen.

Benzinhahn schließen, Druck ablassen, Motor auslaufen lassen.

II. Störungen in der Luft.

1. Vergaserbrand.

Dem Vergaserbrand geht meist ein Knallen im Vergaser voraus. Benzinhahn zu, Motor mit höchster Umdrehungszahl weiterlaufen lassen, damit die Flammen in die Zylinder gesaugt werden; so rasch als möglich landen.

2. Motor klopft und schlägt plötzlich.

a) Kolben beginnen zu fressen.

b) Lager sind ausgelaufen, Notlandung.

3. Nachlassen der Tourenzahl.

Qualm und Rauch auf dem Auspuff, schwarz statt graugelb.

Motor wird zu heiß, weil Oelung oder Kühlung nicht in Ordnung. Notlandung.

III. Kapitel.

Der Umlaufmotor (Gnom).

Der Viertakt des Umlauf-Motors.

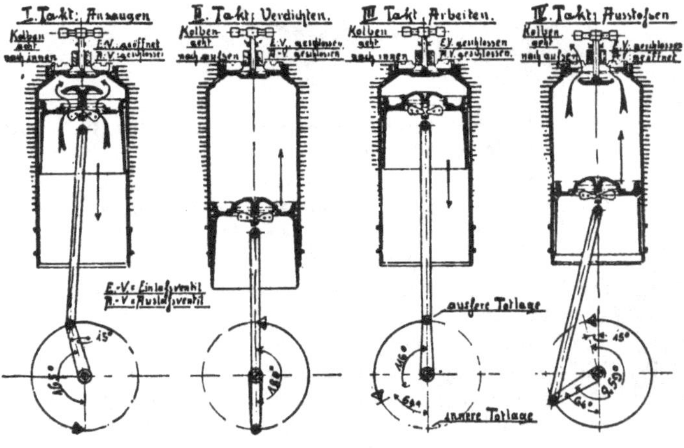

Fig. 8.

A.) Arbeitsgang.

Das Arbeiten des Umlauf-Motors.

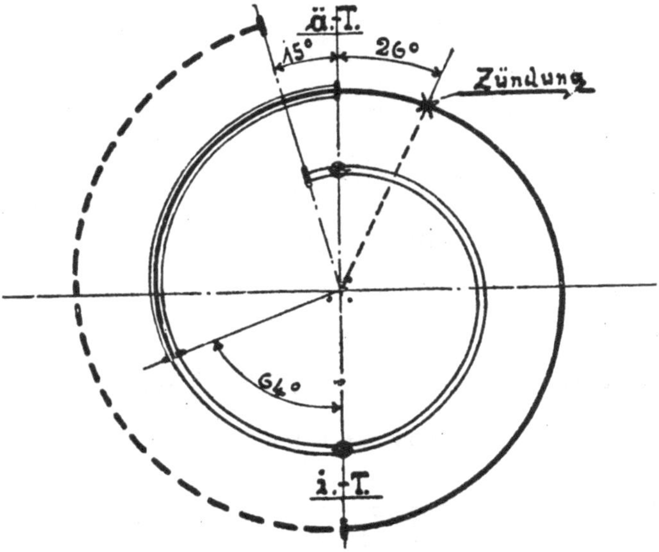

Fig. 9.

I. Takt: **Das Ansaugen** ------ beginnt 15° nach der ä.-T., endet in der i.-T.

E.-V. geöffnet, A.-V. geschlossen.

II. Takt: **Das Verdichten** ——— beginnt in der i.-T., endet in der ä.-T. 26° vor ä.-T. erfolgt Zündung,

E.-V. und A.-V. geschlossen.

III. Takt: **Das Arbeiten** ═══ beginnt in der ä.-T., endet 64° vor der i.-T.

E.-V. u. A.-V. sind geschlossen.

IV. Takt: **Das Auspuffen** ═══

1.) Das Ausströmen, beginnt 64° vor der i.-T., endet in der i.-T., durch eigene Spannkraft strömen die Gase aus, Kolben geht noch nach innen.

2.) Das Ausstossen, beginnt in der i.-T., endet in der ä.-T., durch den nach außen gehenden Kolben werden die Gase ausgestoßen.

3.) Das Ausspülen, beginnt in der ä.-T., endet 15⁰ nach ä.-T., durch den nach innen gehenden Kolben wird frische Luft angesaugt, dabei auftretende Wirbel spülen die verbrannten Gase aus.

Während dem IV. Takt ist E.-V. geschlossen, A.-V. geöffnet.

B.) Bemerkenswerte Sternstellungen.

Bemerkenswerte Zylinder-, Kolben- u. Nockenstellungen beim 80 PS. Umlaufmotor (1 Stern zu 7 Zyl.).

1.) Zylinder 1 beim Beginn des Ansaugens.

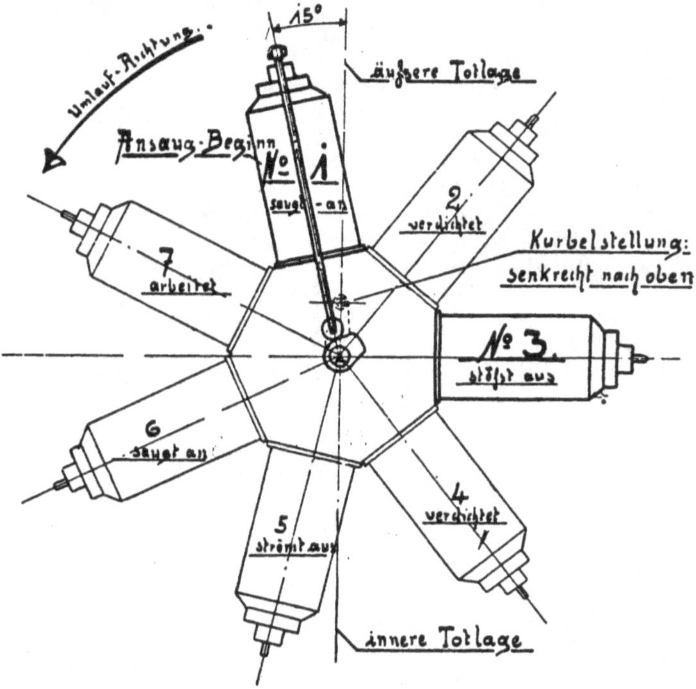

Fig. 10.

Zylinder Nr. 1. Ansaugbeginn, 15⁰ über äußere Totlage, A.-V. schließt, E.-V. öffnet.

Zylinder Nr. 3. Wagerecht nach rechts.

Nockenrolle von Zyl. Nr. 1 abläuft von Nocke.

2.) Zylinder 1 in Zündstellung.

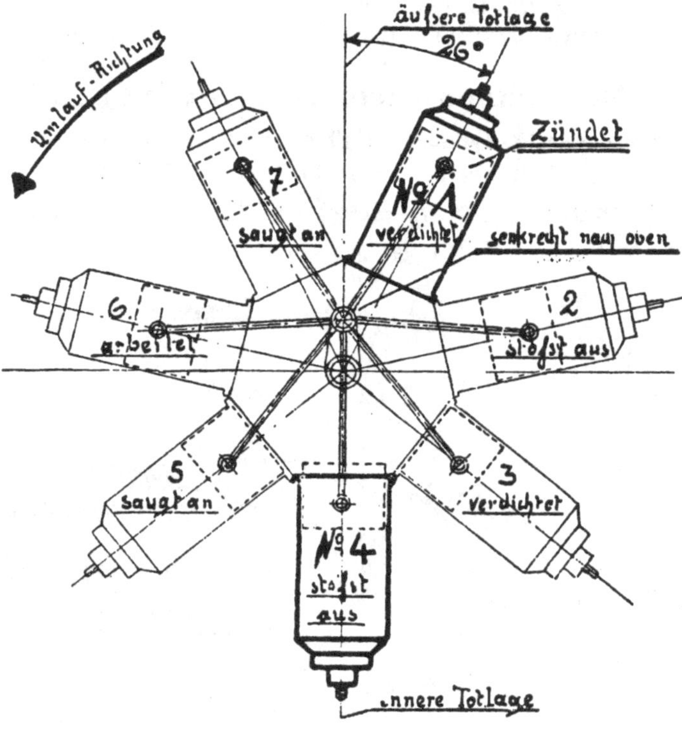

Fig. 11.

Kurbelstellung: Senkrecht nach oben.
Zylinder Nr. 1. 26° vor äußerer Totlage,
E.-V. u. A.-V. geschlossen.
Zylinder Nr. 4. Senkrecht nach unten.

3.) Zylinder 1 beim Beginn des Auspuffs.

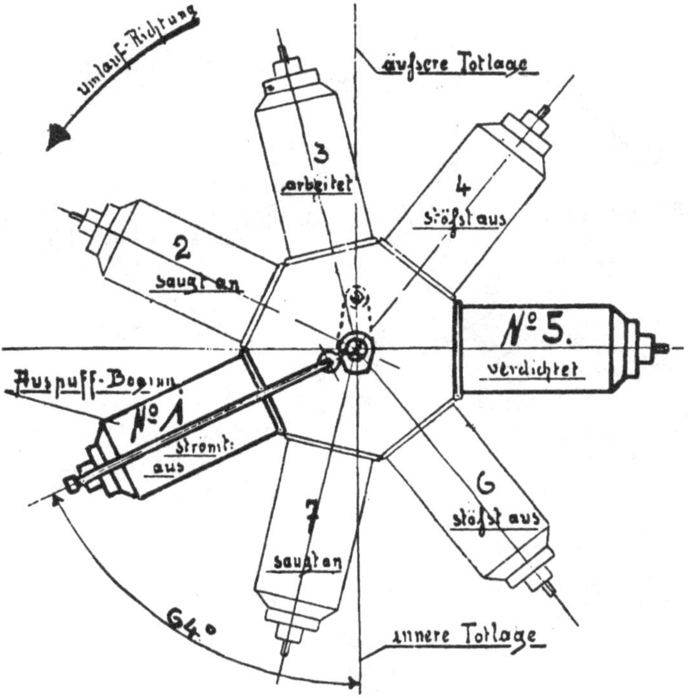

Fig. 12.

Zylinder Nr. 1. Auspuffbeginn, 64° vor innerer Totlage
E.-V. geschlossen, A.-V. öffnet.

Zylinder Nr. 5. Wagerecht nach rechts.

Nockenrolle von Zyl. Nr. 1 aufläuft auf Nocke.

Bemerkenswerte Zylinder-, Kolben- u. Nockenstellung beim 100 PS. Umlaufmotor (1 Stern zu 9 Zyl.).

1.) Zylinder 1 beim Beginn des Ansaugens.

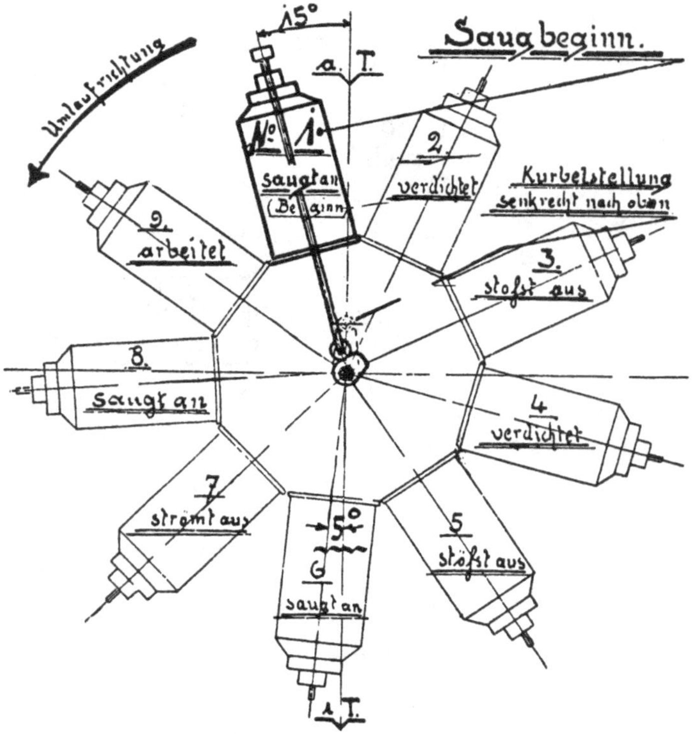

Fig. 13.

Zylinder Nr. 1. 15° über ä.-T., Nockenrolle läuft ab von Nocke,
A.-V. schließt, E.-V. öffnet.

Zylinder Nr 6. 5° vor innerer Totlage.

2.) Zylinder 1 in Zündstellung.

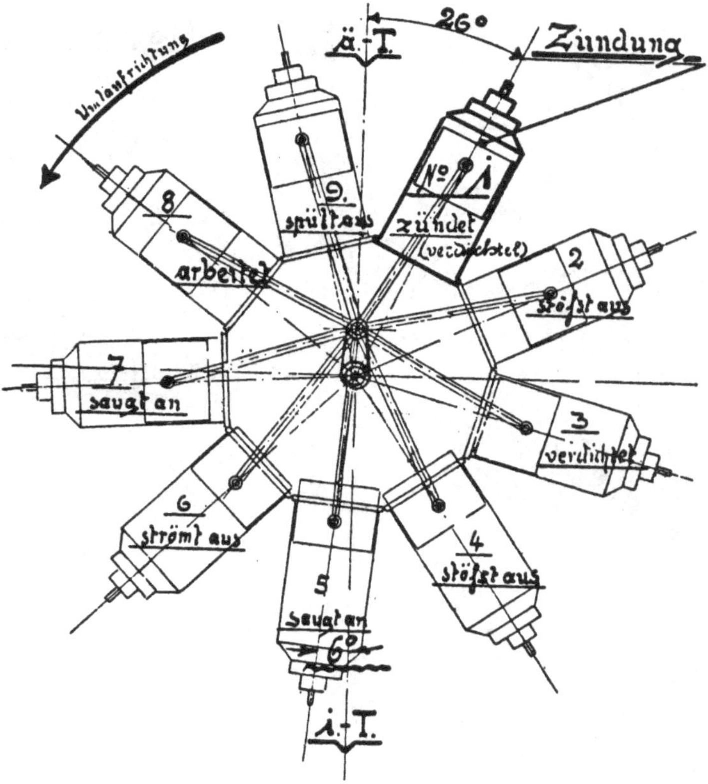

Fig. 14.

Zylinder Nr. 1. 26° vor ä.-T.,
A.-V. u. E.-V. geschlossen.

Zylinder Nr. 5. 6° vor innerer Totlage.

3.) Zylinder 1 beim Beginn des Auspuffs.

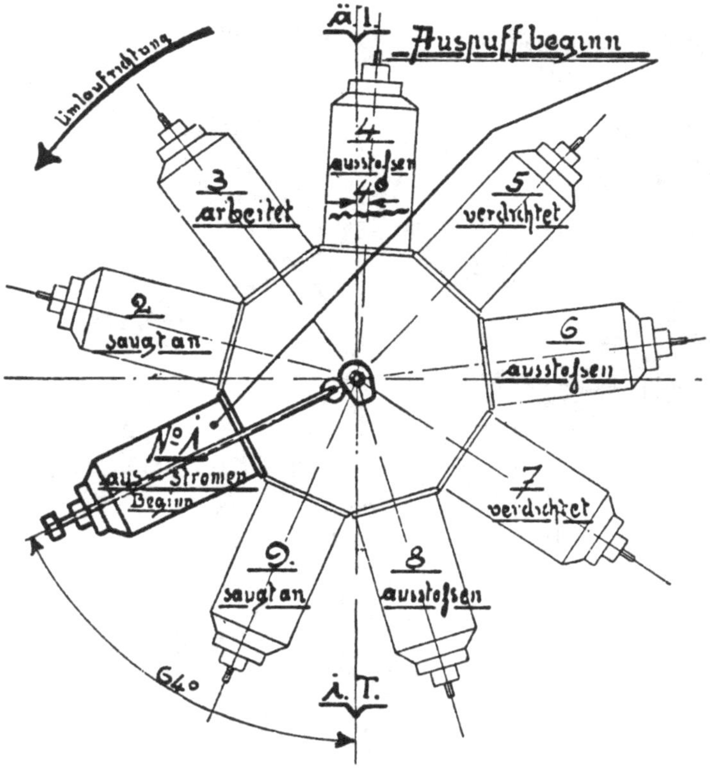

Fig. 15.

Zylinder Nr. 1. 64° vor i.-T., Nockenrolle läuft auf Nocke, A.-V. öffnet, E.-V. geschlossen.

Zylinder Nr. 4. 4° vor äußerer Totlage.

Bemerkenswerte Zylinder-, Kolben- u. Nockenstellung beim 160 PS. Umlaufmotor (2 Sterne zu je 7 Zyl.).

1.) Zylinder 1 bei der Saugbeginn-Einstellung. A.-V. schließt.

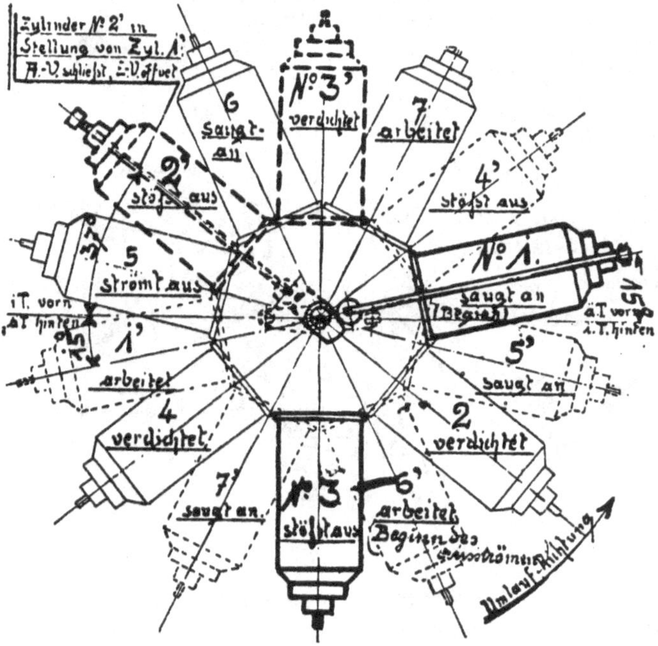

Fig. 16.

Vorderer Zylinderstern.

Kurbelstellung: Kröpfung rechts wagerecht.
Totlagen: Aeußere rechts, innere links.
Zylinder Nr. 1. 15° über ä.-T., Nockenrolle läuft ab v. Nocke, A.-V. schließt, E.-V. öffnet.
Zylinder Nr. 3. Senkrecht nach unten.

Hinterer Zylinderstern.

Kurbelstellung: Kröpfung links wagerecht.
Totlagen: Aeußere links, innere rechts.
Zylinder Nr. 2'. 37° vor ä.-T., Nockenrolle läuft über Nocke, A.-V. offen, E.-V. geschlossen.
In Stellung v. Zylinder Nr. 1' läuft Nockenrolle ab v. Nocke, A.-V. schließt, E.-V. öffnet.
Zylinder Nr. 3'. Senkrecht nach oben.

2.) Zylinder 1 in Zündstellung.

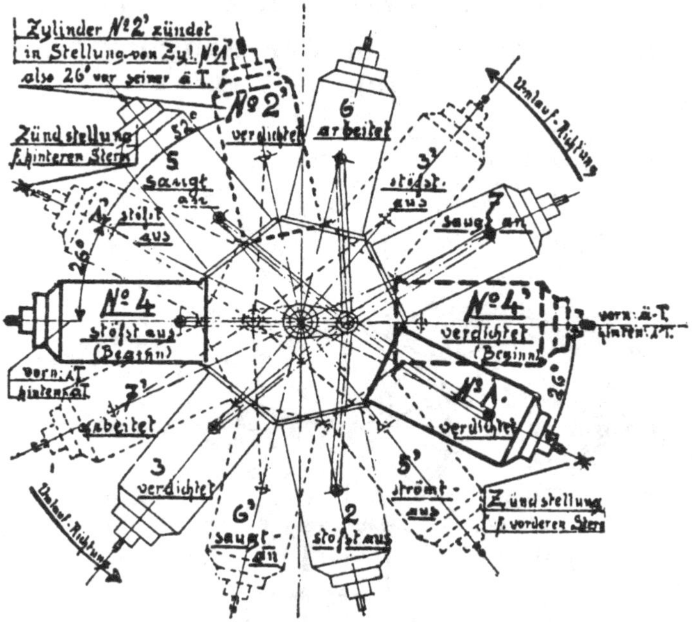

Fig. 17.

Vorderer Zylinderstern.

Kurbelstellung: Kröpfung rechts wagerecht.
Totlagen: Aeußere rechts, innere links.
Zylinder Nr. 1. 26° vor ä.-T., zündet,
E.-V. u. A.-V. geschlossen.
Zylinder Nr. 4. Wagerecht nach links.

Hinterer Zylinderstern.

Kurbelstellung: Kröpfung links wagerecht.
Totlagen: Aeußere links, innere rechts.
Zylinder Nr. 2'. 78° vor ä.-T., zündet in Stellung von Zyl. Nr. 1' 26° vor ä.-T.,
E.-V. u. A.-V. geschlossen.
Zylinder Nr. 4'. Wagerecht nach rechts.

3.) Zylinder 1 bei Auspuffbeginn.

A.-V. öffnet.

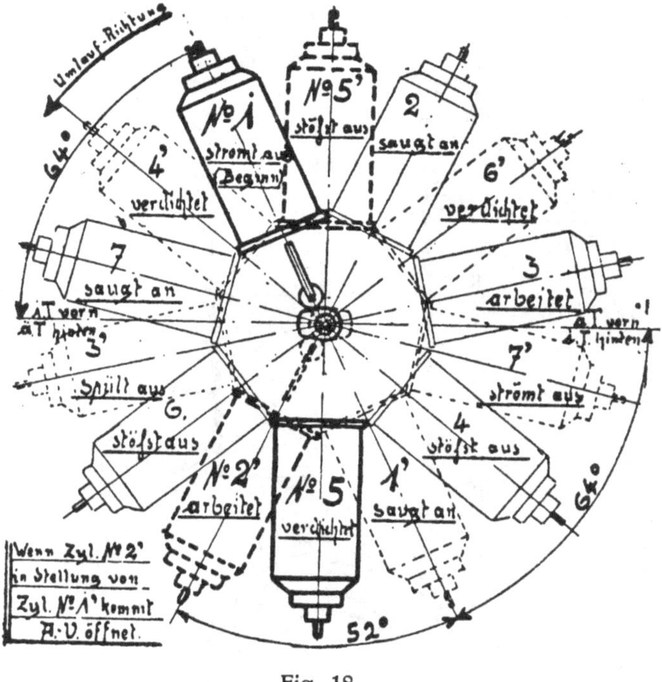

Fig. 18.

Vorderer Zylinderstern.

Kurbelstellung: Kröpfung rechts wagerecht.

Totlagen: Aeußere rechts, innere links.

Zylinder Nr. 1. 64° vor i.-T. Nockenrolle läuft auf Nocke. A.-V. öffnet, E.-V. geschlossen.

Zylinder Nr. 5. Senkrecht nach unten.

Hinterer Zylinderstern.

Kurbelstellung: Kröpfung links wagerecht.

Totlagen: Aeußere links, innere rechts.

Zylinder Nr. 2'. 11° vor i.-T., Nockenrad in Ruhe, A.-V. u. E.-V. geschlossen.
In Stellung von Zylinder Nr. 1' läuft Nockenrolle auf Nocke, A.-V. öffnet, E.-V. geschlossen.

Zylinder Nr. 5'. Senkrecht nach oben.

C.) Einzelteile des Motors.

1.) Zylinder des Umlaufmotors.

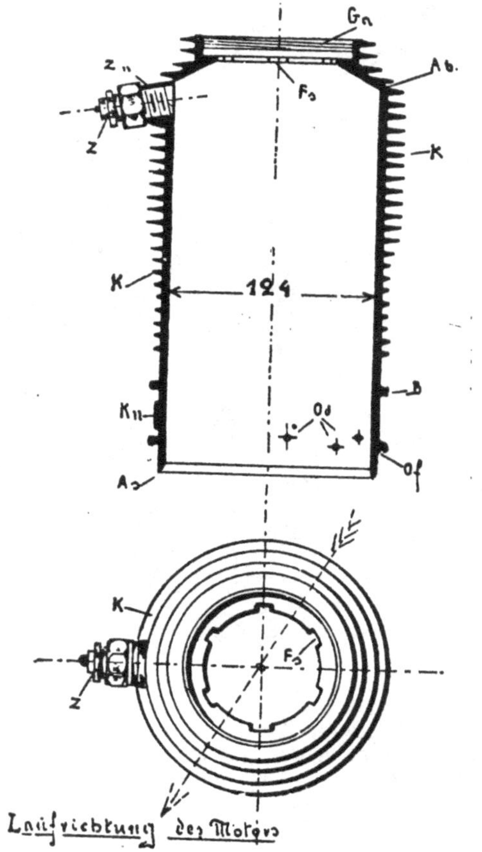

Fig. 19.

Der Zylinder ist aus Gewehrlaufstahl gefertigt. Zur Kühlung und gleichzeitigen Versteifung sind über die ganze Zylinderlänge Kühlrippen angeordnet. Der

Kopf des Zylinders besitzt Gewinde zum Festschrauben des Auslaßventils mittelst Ringmutter. Darunter befinden sich 6 Führungsschlitze zum Festhalten des äußeren Einlaßventilschlüssels. Der Verdichtungsraum des Zylinders ist nach oben abgeschrägt, damit die Gase leicht ausgestoßen werden können. Die Zündkerze wird in einen Nippel eingeschraubt, der in derartiger Lage in den Zylinder eingeschweißt ist, daß das im Zylinder herumfliegende Oel, welches in die Zündkerze gelangt, sich darin nicht festsetzen und verharzen kann, sondern durch seine Fliehkraft wieder nach außen gleitet. Am unteren Ende besitzt der Zylinder zwei Bunde, die ihn im Gehäuse festhalten, während er gegen Verdrehung durch einen Federkeil gesichert ist.

Dieser Federkeil soll nur auf der Seite, nicht aber auf dem Rücken tragen, da sonst Gefahr vorhanden ist, daß der Zylinder beim Einbau verdrückt wird. Um den Kolben bequem in den Zylinder einführen zu können, besitzt dieser am unteren Ende eine Abschrägung. Damit sich das in den Ecken des Gehäuses sammelnde Oel nicht festsetzen und verharzen kann, sind unter und durch den Bund sechs Oellöcher gebohrt, die dem Oel den Abfluß in den Zylinder gestatten. Die Schmierung des Zylinders erfolgt von der Kröpfung der Kurbelwelle aus, wie im Absatz „Oelleitungen" näher zu ersehen ist.

Der Zylinder ist sauber zu halten, vor jeder Montage des Motors gut mit Benzol auszuwaschen, damit er von der Oelkruste und Schmirgelmasse gereinigt wird. Zeigen sich Riefen auf der Zylinderfläche, so sind diese mit Oelstein wegzuschleifen.

Eine Demontage des Zylinders aus dem Gehäuse soll möglichst vermieden werden, wenn es aber geschieht, ist streng darauf zu achten, daß der Federkeil in seine Nut in dem Gehäuse einschnappt, da sonst Gefahr vorliegt, daß der Zylinder verspannt und unbrauchbar wird.

2.) Der Kolben.

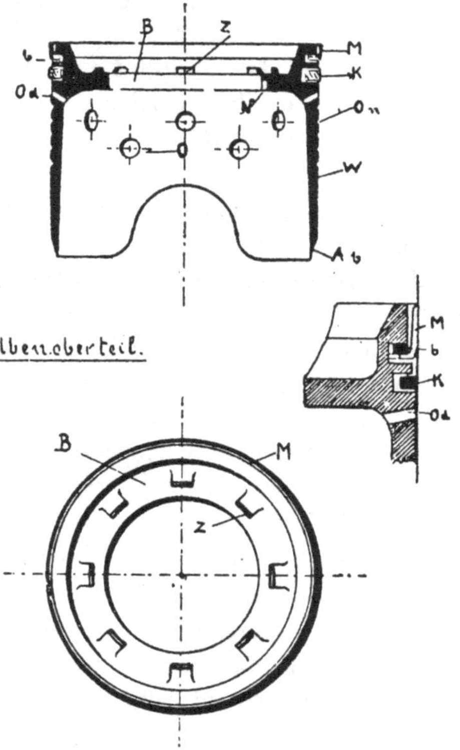

Fig. 20.

Der Kolben ist aus Grauguß gefertigt, weil Guß auf Stahl verhältnismäßig gut läuft. Der Kolben besitzt keine Augen zum Einhängen der Pleuelstange, da sich in derartigen Materialansammlungen Wärme aufspeichern würde, die Spannungen erzeugen könnte, die zum Kolbenbruch führten. Der Kolbenboden ist deshalb ganz glatt und besitzt außer den Zähnen für den äußeren Einlaßventilschlüssel nur eine große Oeffnung zur Aufnahme der Kolbenbolzengabel, in die das Einlaßventil eingeschraubt wird. Damit die Kolbenbolzengabel sich nicht im Kolben drehen kann, hat sein Boden eine Nut, in die die Nase der Kolbenbolzengabel eingreift.

Dicht unter dem Kolbenboden ist eine Reihe kleiner Oellöcher gebohrt, damit das Oel vom Kolbenboden abfließen kann. Weiter besitzt der Kolben zwei Reihen von je sechs großen Oellöchern, durch die das im Gehäuse herumfliegende Oel auf die Zylinderlaufbahn gelangen kann. Am unterem Ende hat der Kolben eine Aussparung, damit die Kolben in der inneren Totlage nicht aufeinanderstoßen.

Ferner ist der Kolben an seinem unteren Ende derartig abgeschrägt, daß das Oel auf der Zylinderwand zwischen dieser und der Kolbenwand gepreßt wird. Es sind, um die Laufbahn gut zu schmieren, über die Lauffläche des Kolbens fünf Oelnuten verteilt, die ebenfalls der Schmierung dienen. An seinem oberen Ende trägt der Kolben eine Manschette, die gegen den Explosionsdruck der Gase abdichtet.

Mit der Manschette zusammen liegt ein Beilagering, der lediglich zur Füllung dient, also nicht etwa

Spannung besitzen darf. In einer zweiten Nut befindet sich der Kolbenring, der infolge seiner federnden Spannung ebenfalls der Abdichtung dient. Der Kolben ist besonders sauber zu halten. Die Oellöcher dürfen nicht verstopft sein und in den Nuten sich keine Kruste von verbranntem Oel befinden.

Manschette, Beilagering und Kolbenring müssen ebenfalls ganz sauber sein und müssen so in den Kolben eingehängt werden, daß ihre Stöße nicht übereinander zu stehen kommen, da sonst der Kolben durchblasen würde; desgleichen ist beim Einführen des Kolbens in den Zylinder zu beachten, daß der Kolben hierbei nicht verdreht wird.

Der Kolben, an dem sich die Hauptstange befindet, ist bei der Montage zuletzt einzuführen, bei der Demontage zuerst aus dem Zylinder zu nehmen.

Vor dem Einsetzen des Kolbens in den Zylinder ist er stets nochmals mit Benzol zu waschen, damit auch die Graphitrückstände vom Einlaßventil entfernt werden. Dann ist die Kolbenlaufbahn, wie auch der Kolbenbolzen stark mit Oel anzuziehen.

3.) Ventile.

a) Einlaßventil.

Das Einlaßventil des Gnom-Motors arbeitet automatisch und ist in der Kolbenbolzengabel befestigt, die im Kolbenboden sitzt.

Wirkungsweise.

Dadurch, daß der Motor sich dreht, hat der Ventilkegel das Bestreben, nach außen zu fliegen; dies

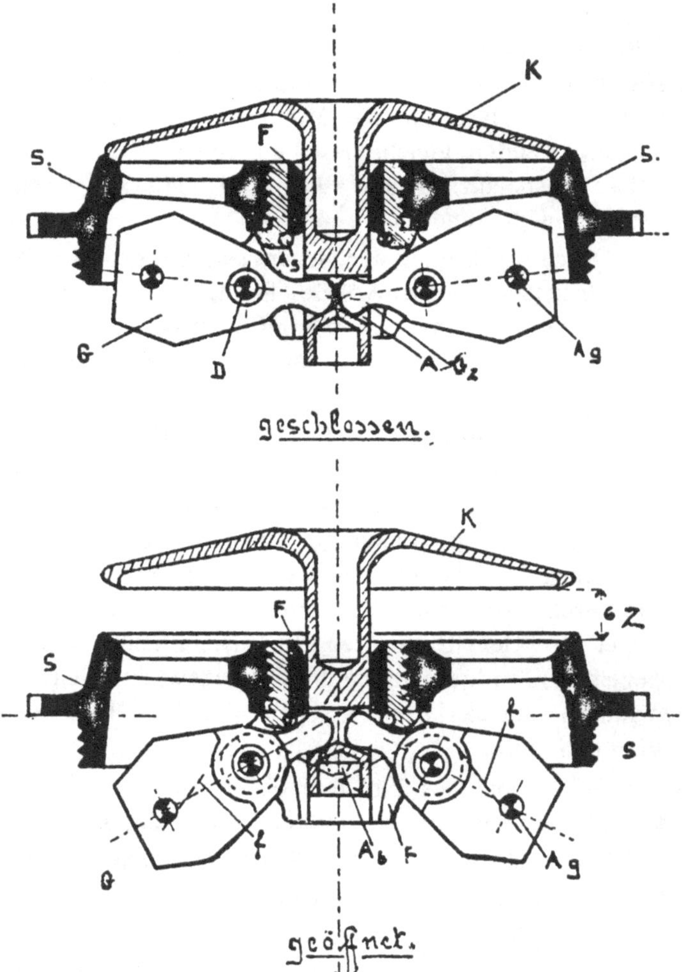

Fig. 21.

wird verhindert durch zwei Gegengewichte, die ebenfalls nach außen fliegen wollen und vermittelst ihrer Nasen den Kegel auf seinen Sitz halten. Grundbedingung ist hierbei, daß die Momente von Kegel und Gegengewichten gleich, bzw. dieselben zu einander genau ausbalanziert sind und darf man an deren Gewicht nichts ändern.

Durch den Einfluß der Gegengewichte und der sie verstärkenden Federn würde das Einlaßventil ohne das Hinzutreten einer neuen Kraft nicht öffnen. Diese Kraft entsteht durch das Saugen des Kolbens im ersten Takt.

Dadurch, daß im Zylinder ein luftverdünnter Raum entsteht (Vakuum), wollen die im Gehäuse befindlichen frischen Gase in den Zylinder eindringen. Die Saugwirkung (Vakuum) öffnet das Einlaßventil ein wenig, d. h. es hebt den Ventilkegel ein wenig an. Hierdurch tritt eine Kräfteverschiebung zwischen Kegel und Gegengewichten ein. Die Fliehkraft des Kegels wird größer und die der Gegengewichte kleiner, wodurch sich das Ventil vollständig öffnet. Hub des Ventils 6 mm.

Der Schluß des Einlaßventils erfolgt beim Hubwechsel und zwar bei der inneren Totlage des Kolbens.

Durch die nunmehr beginnende Verdichtung der Gase (Kompression) wird das Ventil wieder auf seinen Sitz gepreßt.

Die an dem Ventil angebrachten Federn dienen sowohl zum Verstärken der Wirkung der Gegengewichte, als auch zu schnellerem Schließen des Ventils.

Montage des Einlaßventils.

Sämtliche Teile des Einlaßventils, wie Kegel, Gegengewichte und Gegengewichtshalter, sind mit Nummern bezeichnet, die bei der Montage sämtlich wieder in einer Linie stehen müssen, da sonst die Gegengewichte mit ihren Nasen in der Aussparung des Kegelschaftes klemmen könnten.

Bei der Demontage sind deshalb sämtliche Teile des Einlaßventils, die sich auf der rechten Seite befinden, auch auf die rechte Seite zu legen, damit sie beim Zusammenbau nicht mit der linken Seite verwechselt werden können.

Störungen am Einlaßventil und Beseitigung derselben.

a) Die Störung liegt beim Kegel.

Er hat sich beim Erwärmen verzogen, muß nachgeschliffen, nachgedreht oder ausgewechselt werden. Der Kegelschaft hat sich beim Laufen erwärmt, reibt sich in seiner Führungsbüchse und zeigt Riefen, die bei der Demontage mittelst Oelstein zu beseitigen sind; evtl. ist auch die Führungsbüchse mit einer Reibahle aufzureiben.

Bei alten Kegeln kommt es vor, daß die Rundung am Fuß des Kegelschaftes sich in der Führungsbüchse klemmt; dieselbe muß an dieser Stelle etwas erweitert werden.

b) Bei den Gegengewichten.

Die Gegengewichte klemmen mit ihren Nasen in der Aussparung des Kegelschaftes und verhindern so das Ventil am schließen. Die Folge ist, daß die Zündung aus dem Zylinder in das Innere des Gehäuses durchtritt und der Motor knallt.

Zeigen sich an den Gegengewichtsnasen vom Reiben blanke Stellen oder Riefen, so sind diese mit Oelstein abzuschleifen.

Auch sind die Gegengewichte daraufhin nachzusehen, ob ihre Nasen angebrochen oder weggerissen sind. Es ist dann ein neues Gewicht einzuhängen, was wieder genau mit dem Kegel ausbalanziert werden muß.

Ferner können die Gegengewichte auf den Gegengewichtsbolzen reiben. Dieser ist dann leicht abzuschmirgeln.

Es kommt vor, daß die Gegengewichte beim Oeffnen des Ventils auf die Nebenstangen aufschlagen. Es ist dann beim Einbau des Ventils noch eine zweite schwache oder eine neue Dichtung einzulegen oder aber das Ventil so anzuziehen, daß die Gegengewichte nicht über die Nebenstangen zu stehen kommen. Das Einlegen neuer Dichtungen kann ein Vibrieren des Motors erzeugen, was durch Einlegen von stärkeren Dichtungen am gegenüberliegenden Zylinder oder schwererem Auslaßventil an dieser Stelle ausgeglichen werden kann.

c) Bei den Federn.

Die Federn sind stets auf ihre Spannung nachzuwiegen. Neue Federn eines Ventils sollen 5,7 kg Spannung haben, bis sich das Ventil zu öffnen beginnt. Federn, die bereits gearbeitet haben, müssen 4,7 kg bis alleräußerst 4,2 kg aushalten.

Die Federn sind nachzusehen, ob sie nicht angebrochen sind. Gebrochene Federn bewirken Knallen des Motors; Federn, deren Spannung nachgelassen hat, vermindert die Leistung des Motors (Nachlassen der Umdrehungszahl des Motors) und sind auszuwechseln.

Weitere Störungen können durch gebrochene Federbüchsen, gebrochene Anschlagbolzen in den Gegengewichtshaltern und ausgehängten Sicherungsschleifen vorkommen.

Das Ventil ist mit äußerster Sorgfalt zu behandeln, da sonst dauernd Störungen am Motor auftreten.

b) Das Auslaßventil.

Das Auslaßventil sitzt am Kopfe des Zylinders. Es ist mittelst Ringmutter dortselbst festgeschraubt und wird mittelst Steuernocken, Stößelstange und Doppelkipphebel zwangläufig betätigt. Der Doppelkipphebel trägt zwei Gegengewichte, die durch ihre Fliehkraft die der Stößelstange aufheben.

Die Störungen am Auslaßventil sind, was den Kegel betrifft, die gleichen wie beim Einlaßventil, das gleiche gilt für Beseitigung derselben.

Ferner können die Ventilfedern lahm werden oder brechen oder bei Bruch des Federhakens davonfliegen. Dies hat beim im Gang befindlichen Motor, solange er seine volle Umdrehungszahl macht, nichts zu bedeuten, da der Ventilkegel durch seine Fliehkraft auf seinen Sitz gehalten wird. Es kommt ferner noch vor, daß der Doppelkipphebel bricht, desgleichen dessen Bolzen, sowie der Gabelbolzen und der Splint.

4.) Pleuelstangen.

a) Haupt- und Nebenstangen.

Die Pleuelstangen bestehen beim Umlaufmotor aus 1 Haupt- oder Mutterstange und 6 oder 8 Nebenstangen, die in dieselbe eingreifen bzw. befestigt sind.

Das Material der Haupt- und Nebenstangen ist Chromnickelstahl. Sie sind aus dem Ganzen mit I-förmigem Querschnitt herausgearbeitet und sind, besonders was die Hauptstange betrifft, starken Beanspruchungen auf Zug, Druck und Biegung ausgesetzt. Die Nebenstangen enden oben und unten in einem geschlossenen Auge. In der Hauptstange sitzen im Kopf die beiden Kurbelzapfenkugellager. Desgleichen sind die Nebenstangen mittelst der Kurbelbolzen darin befestigt. Das andere Ende der Haupt- und Nebenstangen greift in die Kolbenbolzengabel des Kolbens ein und ist hier mittelst des Kolbenbolzens befestigt.

Die Hauptstange besitzt soviel Oelwarzen als Nebenstangen bedingt sind und greifen diese in die ihnen gegenüberliegenden Aussparungen der Nebenstangen, zum Schmieren der Kurbelbolzen dienend, ein.

Vor hier aus wird das Oel teilweise zu den beiden Kugellagern, andererseits durch die Fliehkraft in den Längsaussparungen zum Kolbenbolzen geleitet.

Bei der Demontage ist der Kolben, an dem sich die Hauptstange befindet, zuerst zu entfernen; bei der Montage zuletzt einzubauen.

b) Kurbelbolzen.

Die Kurbelbolzen, in der Hauptstange sitzend, sind beim Gnom-Motor äußerst starken spezifischen

Flächendrücken ausgesetzt, um so mehr als bei dem starken Ausschlagwinkel der Nebenstangen nicht unbedeutende Reibungsarbeit hinzukommt, was ein häufiges Blauwerden, Fressen der Bolzen zur Folge hat.

Die Bolzen, die aus Chromnickelstahl, aus dem besten Material hergestellt sind, müssen mit glasharter Oberfläche gehärtet und tadellos geschliffen sein, andernfalls sie den an sie gestellten Beanspruchungen nicht widerstehen können und fressen. Dieses Fressen zieht sehr häufig den Bruch der Neben- und Hauptstange nach sich, wodurch meist ein Demolieren des Motors und Gefährdung von Menschenleben mitverknüpft ist. Deshalb ist bei Herstellung und Instandhaltung der Kurbelbolzen die größte Sorgfalt anzuwenden.

5.) Kurbelwelle und Steuerkurbel.

Die Kurbelwelle besteht aus Chromnickelstahl und steht beim Umlaufmotor still. Am Ende der hohl ausgebohrten Kurbelwelle sitzt der Vergaser, von wo aus das Gasgemisch (Luft und Benzin), durch die hohle Welle hindurch nach dem Gehäuse bzw. nach den Zylindern geleitet wird. Desgleichen führen durch die hohle Welle hindurch die beiden Oelleitungen zum Schmieren des Motors.

Die Kurbelwelle ist vorn in der Motor-Aufhängescheibe und am Ende in der Mittelscheibe gelagert und befestigt.

Das Gehäuse des Motors mit den Zylindern dreht sich um das Kurbelwellenmittel, während Haupt- und

Nebenstangen sich mit ihren Kolben in erster Linie um die Mitte des Kurbelzapfen dreht.

In die Kurbel ist mittelst Konus die Steuerkurbel eingesetzt bzw. befestigt. Auf der Steuerkurbel, die gewissermaßen eine Fortsetzung der Hauptkurbel ist, ist das Steuerungsantriebsrad für den Antrieb der Planetenräderpaare bzw. des Nockenbüchsenantriebsrades und der Nockenbüchse fest aufgekeilt.

Die Nockenbüchse mit den einzelnen Auslaßsteuernocken betätigt den Antrieb der einzelnen Auslaßventile.

6.) Kurbelgehäuse.

Das Kurbelgehäuse besteht aus zwei Hälften, dem sogenannten Vater- und Muttergehäuse, zwischen denen beiden die Zylinder eingeklemmt sind.

Hergestellt werden die beiden Kurbelgehäusehälften durch hydraulische Gesenkpressung aus Stahl.

Außer den Zylindern sind an dem Kurbelgehäuse noch befestigt das Kurbellagergehäuse mit dem Pumpen- und Magnetantriebsrad und das Steuerungsgehäuse mit dem Propellerzapfen.

7.) Die Steuerung.

Da für ein vollständiges Arbeitsspiel zwei Umdrehungen des Zylindersterns notwendig sind, so darf das Außlaßventil eines Zylinders auch nur einmal während zweier Umdrehungen öffnen. Demnach muß die Nockenbüchse, die die Steuerung besorgt, nur mit der halben Umdrehungszahl des Motors umlaufen.

Auf der Steuerwelle ist vorn das Steuerungsantriebsrad fest aufgekeilt, steht also, wie die Welle selbst, still.

In dem Propellerzapfendeckel sind zwei Planetenräderpaare befestigt, von denen die größeren mit dem Steuerungsantriebsrad im Eingriff stehen und die gleiche Größe wie dasselbe haben.

Da nun der Propellerzapfen sich wie der Motor 1200 mal in der Minute dreht, so müssen sich die großen Planetenräder 1200 mal auf dem Steuerungsantriebsrad abwickeln.

Mit den großen Planetenrädern sind die kleinen Planetenräder fest verbunden, müssen also wie die großen ebenfalls 1200 Umdrehungen in der Minute machen.

Nun sind die kleinen Planetenräder halb so groß wie das Zahnrad auf der Nockenbüchse, treiben demnach dasselbe mit 600 Umdrehungen in der Minute an, was wie erforderlich der halben Umdrehungszahl des Motors entspricht.

Das Aufsetzen des Propellerzapfens und Einstellen der Nockenbüchse zu dem Steuerungsantriebsrad bzw. zum Zylinderstern siehe unter Kapitel „D" Einstellung und Montage des Umlaufmotors.

8.) Zündung.

a) Magnetapparat.

Zur Entzündung des im Zylinder verdichteten Gasgemisches bedient man sich des im Magnetapparat erzeugten elektrischen Hochspannungszündfunkens (Lichtbogen-Zündung).

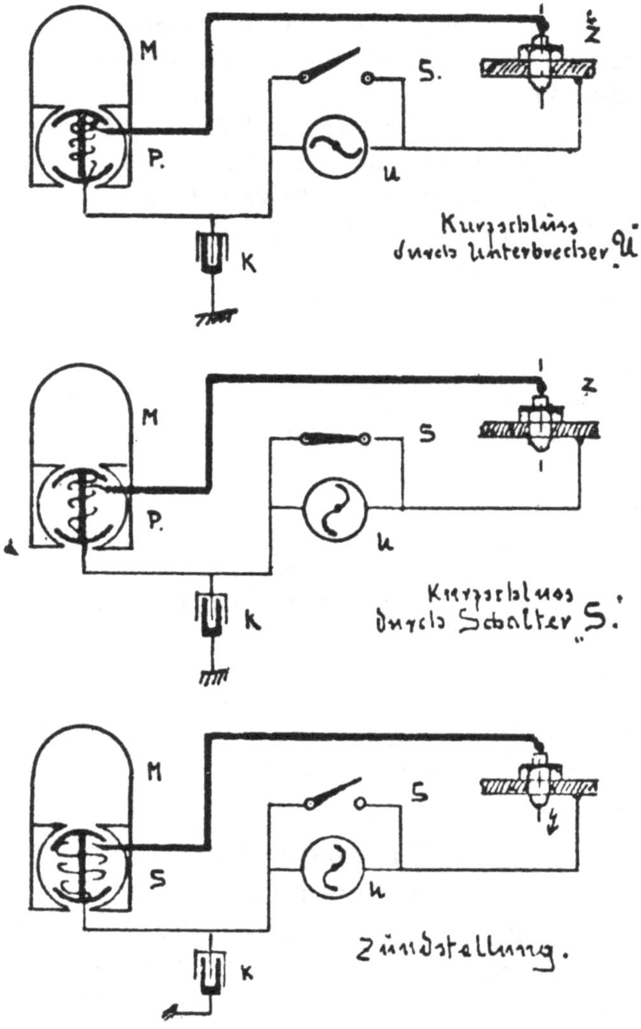
M
S.
P.
u
Z
K
Kurzschluss
durch Unterbrecher U
M
S
P.
u
Z
K
Kurzschluss
durch Schalter S
M
S
S
u
K
Zündstellung.

Fig. 22.

Der Magnetapparat besteht aus einem kräftigen hufeisenförmigen Stahlmagneten, zwischen dessen Polschuhen sich ein Doppel I-förmiger Anker mit Transformatorenwicklung dreht.

Die Wicklung des Ankers besteht aus zwei Spulen; es sind dies die Primärspule, bestehend aus wenigen Windungen dicken Drahtes und der Sekundärspule, aus vielen Windungen dünnen Drahtes.

Auf der Ankerwelle ist ferner noch der Kondensator, der aus Schichten von Glimmer und Staniolplättchen besteht und der Unterbrecher angebracht.

Sobald sich der Anker dreht und der Unterbrecher geschlossen ist, entsteht in der Primärwicklung ein niedrig gespannter Strom, der aus dem Ende der Primärwicklung, das mit dem Anfang der Sekundärwicklung und mit dem Kondensator verbunden ist, zum Kondensator führt, wo er aufgespeichert wird. Der Kondensator dient gleichzeitig zum Aufnehmen der Stromstöße. Von da wird der Strom weiter durch den Unterbrecher hindurch zur Gehäusemasse geführt.

Da nun der Anfang der Primärwicklung mit dem Anker, also ebenfalls mit der Masse verbunden ist, so haben wir den geschlossenen Stromkreis:

Magnet-Ankermasse — Primärspule — Kondensator — Unterbrecher — Gehäusemasse.

Sobald der Unterbrecher unterbricht, entsteht in der Sekundärwicklung ein hochgespannter (hochvoltiger) Strom, der zur Bildung des Zündfunkens benützt wird. Zum Schleifring geführt und dort von der Kontaktkohle abgenommen, weiter durch das Verbindungskabel zur Schleifkohle nach der Verteilerscheibe geleitet, wird durch deren Drehung der Strom von den einzelnen Kontaktsegmenten der Verteilerscheibe mittels Messingdraht nach dem isolierten mittleren Pol der Zündkerzen der verschiedenen Zylinder geführt.

Dort geht er in Form eines Funkens nach dem Außenpol der Kerze, der mit der Masse des Gehäuses verbunden ist, über, und bringt dabei die im Zylinder befindlichen, verdichteten Gase zur Entzündung. Gleichzeitig fließt der im Kondensator aufgespeicherte Strom nach der Zündkerze ab und verstärkt dadurch den Zündfunken. Der Stromkreis ist nun folgender:

Magnet-Ankermasse — Spulen, Zündkerze — Gehäusemasse.

Solange der Anker sich dreht, würden die Kerzen dauernd funken. Um die Kerzen nun dauernd außer Tätigkeit setzen zu können (Abstellen des Motors), ist ein Schalter angeordnet.

Dieser muß kurzgeschlossen werden, damit der Strom um den Unterbrecher herum direkt zur Masse gehen kann.

Dieser Weg bietet dem Strom weniger Widerstand als der über die Zündkerze, weshalb die Zündkerze vom Strom frei bleibt und nicht mehr funkt.

Die Vorzündung wird eingeleitet, um den Arbeitshub unter vollem Gasdruck zu beginnen, d. h. daß das Gasgemisch zum Verbrennen gebracht wird, bevor der Verdichtungshub zu Ende ist.

Würde die Zündung erst im oder nach dem Totpunkt erfolgen, würde die Verdichtung infolge des bereits wieder einwärtsgehenden Kolbens sinken und die Leistung des Motors zurückgehen.

Störungen am Magnetapparat zu vermeiden, wolle man folgendes beachten:

Der Apparat darf nicht zu häufig geölt werden, damit sich die Schleifkohlen nicht mit einer Oelschicht überziehen, die das Schließen des Stromes hindern.

Das richtige Oeffnen des Unterbrecherhammers ist mit einem Bosch-Schlüssel (0,4 mm) zu prüfen und die Platinkontakte von den etwa angesetzten schwarzen Perlen vorsichtig zu säubern.

Oeffnet der Unterbrecher nicht richtig, so funkt er. Auch kann die Feder des Unterbrecherhammers, wie der Fiberstift, den derselbe trägt, gebrochen sein.

b) Zündkerze.

Die Zündkerze ist stets sauber zu halten, damit sie nicht durch Verrusung und Verölung am Zünden verhindern wird. Die sämtlichen äußeren Elektroden sollen von der mittleren gleichen Abstand haben, damit der Funke nicht nur nach einer Elektrode überspringt.

Will man eine Kerze auf richtiges Arbeiten prüfen, so ist sie mit dem Magnetapparat zu verbinden, dieser zu drehen und die Kerze dabei auf eine Metallmasse zu legen. Man kann dann das Uebergehen des Funkens genau verfolgen und weiß, ob die Kerze richtig isoliert ist und nicht etwa innen Schluß besitzt.

9.) Die Oelpumpe.

Schema der Oelpumpe.

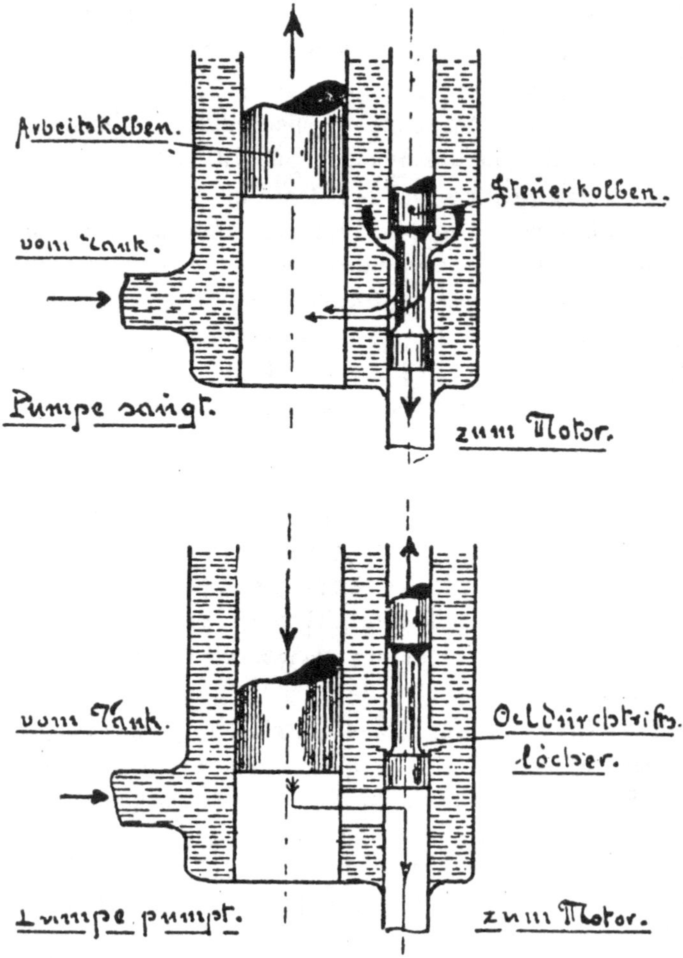

Ftg. 23.

Das zur Schmierung des Motors notwendige Oel wird durch eine Oelpumpe eingepumpt. Diese besitzt in ihrem Gehäuse zwei Steuerkolben und zwei Arbeitskolben, von denen der eine, der stärkere, die größere Oelleitung versorgt. Beide Steuerkolben, wie Arbeitskolben, werden durch je eine Nocke betätigt. Die Nocke selber sitzt mit einem Schneckenrad auf einer Welle, die selbst durch eine Schnecke angetrieben ist, auf der das Oelpumpen-Antriebsrad sitzt.

Befindet sich die Pumpe in Saugstellung, so steht der Arbeitskolben in seiner höchsten Stellung und der Steuerkolben in seiner tiefsten, so daß er die Oeldurchtrittslöcher mit dem Kanal, der zu dem Arbeitskolben führt, verbindet, auf welchem Wege das Oel unter den Arbeitskolben gelangt.

Beginnt die Pumpe zu pumpen, so geht der Arbeitskolben nach unten, der Steuerkolben ist hierbei bereits auf dem Wege nach oben und sperrt dabei die Oeldurchtrittslöcher gegen den Kanal ab, so daß das Oel, das der Arbeitskolben vor sich herschiebt, in den Motor gedrückt wird.

Das Uebersetzungsverhältnis der Umdrehungszahl der Oelpumpe zu der des Motors ist beim

7 Zylinder-Motor (80 PS. Maschine):

7 : 4.

Umdrehungszahl der Pumpe zum Motor

2100 : 1200.

Verhältnis der Zähnezahlen (Vom Pumpen- und Magnetantriebsrad z. Pumpenantriebsrad)

42 : 24.

9 Zylinder-Motor (100 PS. Maschine):

Uebersetzungsverhältnis 9 : 4.

Umdrehungszahl der Pumpe zum Motor

2700 : 1200.

Verhältnis der Zähnezahlen 54 : 24.

Anmerkung: Bei dem Doppelstern (14 Zylinder) 160 PSe.-Maschine findet die gleiche Oelpumpengröße wie beim 7 Zylinder-Motor Anwendung, nur kommen hier 2 solche Oelpumpen zur Anwendung.

a) Messung der Umdrehungszahl des Motors mit der Oelpumpe.

Schaltet man in eine Oeldruckleitung zwischen Pumpe und Motor eine Luftglocke ein, so kann man in dieser die Pumpenstöße beobachten und zählen.

Weiß man nun das Uebersetzungsverhältnis von der Umdrehungszahl des Motors zu den Pumpenstößen der Oelpumpe, so kann man aus den Pumpenstößen die Umdrehungszahl des Motors entnehmen.

Beim 7 Zylinder-Motor (80 PS.) pumpt die Pumpe einmal, wenn sich der Motor **14,3 mal** gedreht hat.

Beim 9 Zylinder-Motor (100 PS.) ist dies Uebersetzungsverhältnis **1 : 11,11.**

Nachstehende Tabellen sind für 50 Pumpenstöße aufgestellt, aus denen man die Motorumdrehungen direkt ablesen kann.

Hat man keine Tabelle zur Hand, so wird man die Anzahl der Pulse während einer Minute zählen und dieselben mit dem Uebersetzungsverhältnis multiplizieren.

Beispiele zur Berechnung der Tourenzahl.

1. Beispiel:

Berechnung der Umdrehungszahl bei einer 80 PS - Maschine, wenn in einer Minute 85 Pulse gezählt wurden.

Gesucht: Umdrehungszahl des Motors $n = ?$ in der Minute.

Bekannt: Uebersetzungsverhältnis der Pumpenstöße (Pulse) zur Umdrehungszahl des Motors 1 : 14,3 Gezählte Pulse in einer Minute 85.

Berechnet: $n = 14{,}3 \times 85 =$ **1200 Umdrehungen**.

2. Beispiel:

Berechnung der Umdrehungszahl bei einer 80 PS.-Maschine, wenn 50 Pulse in 35,8 Sekunden gezählt wurden.

Gesucht: Umdrehungszahl des Motors $n = ?$ in der Minute.

Bekannt: Zum Abzählen von 50 Pulsen wurden gebraucht 35,8 Sekunden.

Berechnet: Aus nachstehenden Tabellen für 50 Pulse ist bei 35,8 Sekunden, abzulesen:

$n \cong$ **1200 Umdrehungen.**

3. Beispiel:

Bei einer 100 PS.-Maschine ist die Umdrehungszahl $n = ?$ in der Minute, wenn in dieser Zeit 108 Pulse gezählt werden.

Gesucht: $n = ?$ Umdrehungen des Motors in der Minute.

Bekannt: Uebersetzungsverhältnis 1 : 11,11. Gezählte Pulse in der Minute 108.

Berechnet: $n = 11{,}11 \times 108 \cong$ **1200 Umdrehungen.**

4. Beispiel:

Berechnung der Umdrehungszahl bei einer 100 PS.-Maschine, wenn 50 Pulse in 27,8 Sekunden gezählt wurden.

Gesucht: Umdrehungszahl $n = ?$ des Motors in der Minute.

Bekannt: Zum Abzählen der 50 Pulse wurden 27,8 Sekunden gebraucht.

Berechnet: Aus nachstehenden Tabellen für 50 Pulse ist bei 27,8 Sekunden abzulesen:

$n \cong$ **1200 Umdrehungen.**

Tabellen

zur Berechnung der Umdrehungszahl „*n*“ per Minute, wenn „*a*“ Anzahl der Sekunden für 50 Pulse.

9 Zylinder-Motor — **100 PS.**

a	*n*	*a*	*n*	*a*	*n*
25,5	1306	27,2	1224	28,0	1152
25,6	1301	27,3	1219	29,9	1148
25,7	1296	27,4	1215	29,1	1144
25,8	1291	27,5	1210	29,2	1140
25,9	1286	27,6	1206	29,3	1136
26,0	1281	27,7	1202	29,4	1132
26,1	1276	27,8	1198	29,5	1128
26,2	1271	27,9	1193	29,6	1125
26,3	1266	28,0	1189	29,7	1121
26,4	1261	28,1	1185	29,8	1117
26,5	1257	28,2	1181	29,9	1114
26,6	1252	28,3	1177	30,0	1110
26,7	1247	28,4	1172	30,1	1106
26,8	1242	28,5	1168	30,2	1102
26,9	1237	28,6	1164	30,3	1099
27,0	1233	28,7	1160	30,4	1095
27,1	1229	28,8	1156	30,5	1091

7 Zylinder-Motor — **80 PS.**
2 × 7 = 14 Zylinder-Motor — **160 PS.**

a	*n*	*a*	*n*	*a*	*n*	*a*	*n*
32,2	1332	34,1	1258	36,0	1192	37,0	1132
32,3	1328	34,2	1254	36,1	1188	38,9	1129
32,4	1324	34,3	1251	36,2	1185	38,1	1126
32,5	1320	34,4	1247	36,3	1182	38,2	1123
32,6	1316	34,5	1243	36,4	1179	38,3	1120
32,7	1312	34,6	1240	36,5	1175	38,4	1117
32,8	1308	34,7	1236	36,6	1172	38,5	1114
32,9	1304	34,8	1233	36,7	1169	38,6	1111
33,0	1300	34,9	1229	36,8	1166	38,7	1109
33,1	1296	35,0	1226	36,9	1162	38,8	1106
33,2	1292	35,1	1222	37,0	1159	38,9	1103
33,3	1288	35,2	1218	37,1	1156	39,0	1100
33,4	1284	35,3	1215	37,2	1153	39,1	1097
33,5	1281	35,4	1212	37,3	1150	39,2	1094
33,6	1277	35,5	1208	37,4	1147	39,3	1091
33,7	1273	35,6	1205	37,5	1144	39,4	1089
33,8	1269	35,7	1202	37,6	1141	39,5	1086
33,9	1265	35,8	1198	37,7	1138	39,6	1083
34,0	1262	35,9	1195	37,8	1135	39,7	1080

b) Die Oelleitungen.

Die 80 und 100 PS. Motoren besitzen zwei, die 160 PS. Motore vier Oelleitungen, die mit den Buchstaben B, C gezeichnet sind. Die gleichen Buchstaben sind auf das Pumpengehäuse aufgeschlagen und die Anschlüsse sind so herzustellen, daß die gleichen Buchstaben mit einander verbunden sind.

Die erste große Oelleitung versorgt das Kurbellagergehäuse und das Steuerungsgehäuse. Die Leitung hat einen ersten Austritt unter dem Oelverteilungsring, von wo das Oel zu den beiden Kugellagern des Kurbellagergehäuses gelangen kann.

Die Leitung ist durch die hohle Steuerkurbel bis unter die Nockenbüchse geführt, von wo aus es zu sämtlichen Teilen des Steuerungsgehäuses gelangt.

Dies sind Nockenbüchse, Ventilrollen und Ventilrollenbolzen, Stößelstangenführungen und untere Stangenaugen, Planetenräder, Steuerungsantriebsrad, Nockenbüchsenantriebsrad, Kugellager im Propellerzapfen, Kugellager im Steuerungsgehäuse.

Die Steuerungskurbel wird durch eine Oelverschlußmutter verschlossen.

Die zweite Leitung führt in das Zylindergehäuse. Das Oel gelangt in eine Aussparung der Kurbel, aus der es in die Hauptstange durchtreten kann. Dieselbe besitzt Warzen, die in die Schlitze der Nebenstangen fassen, so daß das Oel zu den Kurbelbolzen gelangen kann.

Ein anderer Teil schmiert die beiden seitlichen Kugellager der Hauptstange, aus denen es herausspritzt und die Zylinderlaufbahn schmiert.

Aus den Kurbelbolzenbüchsen kann das Oel an der Schaftaussparung der Stangen entlangfließen und zu den Kolbenbolzen gelangen.

Von hieraus schmiert es das Einlaßventil bis es schließlich in den Zündraum des Zylinders kommt, wo es teils verbrennt, teils zum Auslaßventil herausgeschleudert wird.

10. Der Vergaser.

Der Vergaser des Umlaufmotors, der am Ende der hohlen Kurbelwelle sitzt, ist ein ausgesprochener Düsen-Vergaser im Gegensatz zum Standmotor, bei dem Schwimmer-Vergaser zur Anwendung gelangen.

Der Düsenvergaser hat vor dem Schwimmervergaser den Vorteil, daß er dem Motor in jeder Lage des Flugzeuges Brennstoff zuführt und zwar in Schräglagen, bei denen Schwimmervergaser evtl. versagen würden.

Der Düsenvergaser besteht aus einem kugelförmigen Luftsauger und einer einfachen Brennstoffdüse.

Die Regulierung von Luft und Brennstoffzufuhr erfolgt von Hand.

Im Winter tritt sehr leicht ein Vereisen des Vergasers bzw. der Düse ein, so daß eine sogenannte Winterdüse verwendet werden muß.

Diese Düse, die eine Verlängerung der Hauptdüse darstellt und auf diese aufgeschraubt wird, reicht bis in das Kurbelgehäuse; infolge der dort herrschenden hohen Temperatur ist ein Versagen bzw. Vereisen der Düse ausgeschlossen.

D.) Einstellung und Montage des Umlaufmotors.

a) Einstellung der 80 und 100 PS. Maschine.

Der Motor wird auf der Zündkerzenseite vollständig montiert und soweit in das Flugzeug bzw. Lafette eingeschoben, daß das Pumpen- und Magnetantriebsrad des Motors gerade noch nicht in das Zahnrad des Magneten eingreift. Der Zylinderstern wird dann in Zündstellung gedreht, d. h. es muß sich ein Zylinder 26 ° vor der äußeren Totlage befinden; dann wird der Magnetapparat in Abreißstellung gebracht, d. h. es müssen die Unterbrecherhämmer gerade zu öffnen beginnen. In dieser Stellung wird das Zahnrad des Magneten festgehalten und der Motor jetzt vollständig eingeschoben.

Es ist dann zu prüfen, ob die Zündung bei der richtigen Stellung erfolgt.

Nunmehr kann der Motor auch auf der vorderen Seite montiert werden. Man setzt das Steuerungsgehäuse mit den Ventilstangen, die Nockenbüchse und das Steuerungsantriebsrad auf, und stellt dabei die Ventilstangen auf Luft ein.

Nun folgt die Einstellung des Auspuffs. Man dreht denjenigen Zylinder der gezündet hat und dessen Ventilstange die meiste Luft (Spiel) besitzt in 64° vor den inneren Totpunkt, wo das Auslaßventil zu öffnen beginnen soll.

Nun dreht man die Nockenbüchse im Uhrzeigersinn soweit auf die Ventilrolle zu, bis das Auslaßventil gerade zu öffnen beginnt.

In dieser Stellung muß ohne die Nockenbüchse zu verdrehen, der Propellerzapfen mit dem Planetenrädergetriebe vorsichtig aufgebracht werden. Man befestigt diesen provisorisch und prüft nun das Oeffnen sämtlicher Auslaßventile, ebenso wie den Schluß derselben. Ist die Einstellung richtig gewesen, so kann der Motor fertig montiert werden.

b) Die Einstellung der 160 PS. Maschine.

Da der 160 PS. Motor zweimal gelagert ist, so ist man gezwungen, einen etwas anderen Weg zu wählen.

Man hängt den Stern in der Stellung, wo das Auslaßventil zu öffnen beginnt, in die Lafette oder Flugzeug ein, stellt die Ventilstange des Zylinders, der mit Auspuffen beginnen soll, auf Luft ein und dreht dann die Nockenbüchse in die Lage, in der sie das Auslaßventil dieses Zylinders zu öffnen beginnt.

Nun wird provisorisch der Propellerzapfen aufgesetzt und die Einstellung der übrigen 13 Zylinder nachgeprüft. Ist diese richtig, so wird der vordere Stern in Zündstellung gestellt und der dazugehörige Magnetapparat in der Abreißstellung von hinten durch die Aufhängescheibe hindurch in das Pumpen- und Magnetantriebsrad des Motors eingeführt.

Nachdem die Zündeinstellung des vorderen Sterns auf Richtigkeit geprüft ist, hat die des hinteren Sterns zu erfolgen.

Hierbei ist zu beachten, daß nicht derjenige Zylinder des hinteren Sterns, der dem zündenden des vorderen Sterns gegenübersteht, an das Zünder kommt, sondern erst der 52 ° folgende Zylinder des hinteren Sterns.

Man muß also, wie das nachstehende Schema zeigt, den Stern erst um 52° drehen, bis man die Zündeinstellung auch bei dem hinteren Stern besorgen kann. Ist auch diese richtig, so kann der Motor fertig montiert werden.

Zündungsschema des 160 PS.-Motors

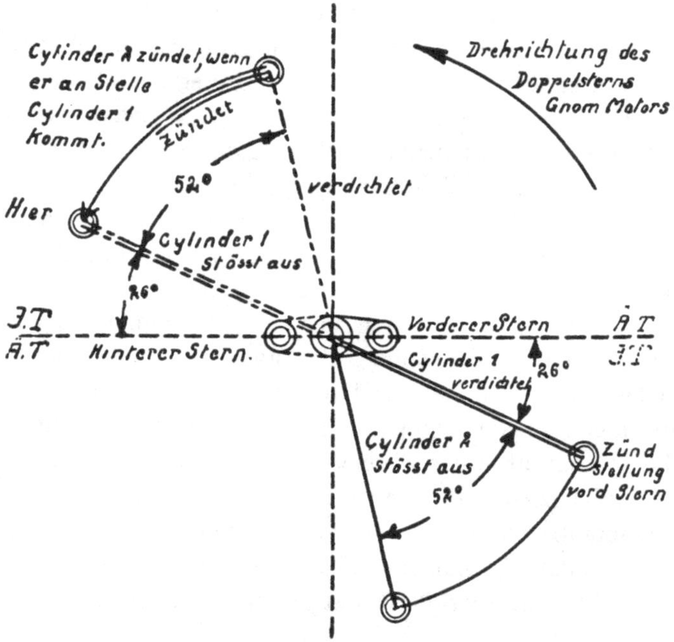

Fig. 24.

Kurbelstellung des vorderen Sterns nach „Rechts", die des hinteren Sterns nach „Links" (siehe Totpunktstellung).

E.) Leistungsmessung des Motors.

Um den Motor abzubremsen, wird er in den Pendelrahmen einer Lafette gesteckt und mit einem Bremsflügel versehen. So wie sich nun der Motor dreht, schlägt der Bremsflügel mit seinen Druckplatten auf die Luft, diese bietet Widerstand und sucht den ganzen Motor nach einer Seite fortzudrücken.

Um dieses aufzuheben, trägt der Pendelrahmen einen Hebel mit Zentimeter-Teilung, an dem ein verschiebbares Gewicht hängt. Für die Leistungsmessung ergibt sich dann die Formal:

$$N_{(PS.)} = \frac{H \cdot G \cdot n}{716,2}$$

Hierin bedeutet:

N = die Anzahl der geleisteten Pferdestärken,

H = die Hebellänge, gemessen in Metern,

G = das angehängte Gewicht in kg,

n = Umdrehungszahl des Motors in der Minute,

716,2, eine zur Umrechnung nötige Konstante.

Beispiele zur Berechnung der Motorleistung.

1. Beispiel:

Berechnung der Leistung bei einem 80 PS.-Motor.

Gesucht: Die Leistung des Motors $N = ?$ PS.

Bekannt: Hebellänge $H = 120$ cm $= 1,2$ m, Gewicht (angehängtes) $G = 40$ kg, Umdrehungszahl des Motors bei 50 Pulsen und 35,6 Sekunden lt. Tabelle $n = 1205$.

Berechnet: Leistungsformel $N = \frac{H \cdot G \cdot n}{716,2}$

$$N = \frac{1,2 \cdot 40 \cdot 1205}{716,2} = \mathbf{80,75\ PS.}$$

2. Beispiel:

Berechnung der geleisteten Arbeit bei einem Motor von 100 PS.

Gesucht: Leistung des Motors $N = ?$ PS.

Bekannt: Hebellänge $H = 115$ cm $= 1{,}15$ m, Gewicht $G = 60$ kg, Umdrehungen des Motors bei 50 Pulsen und 27,9 Sekunden lt. Tabelle $n = 1193$.

Berechnet: $$N = \frac{H \cdot G \cdot n}{716{,}2}$$

$$N = \frac{1{,}15 \cdot 60 \cdot 1193}{716{,}2} = \mathbf{115\ PS.}$$

3. Beispiel:

Berechnung der Leistung bei einem 160 PS.-Motor.

Gesucht: Die Leistung des Motors $N = ?$ PS.

Bekannt: Hebellänge $H = 120$ cm $= 1{,}2$ m, Gewicht $G = 80$ kg, Umdrehungszahl des Motors bei 50 Pulsen und 35,9 Sekunden $n = 1195$.

Berechnet: $$N = \frac{H \cdot G \cdot n}{716{,}2}$$

$$N = \frac{1{,}2 \cdot 80 \cdot 1195}{716{,}2} = \mathbf{160\ PS.}$$

F.) Berechnung des Brennstoff- und Oelverbrauches.

I.) Berechnung des Brennstoffverbrauches.

Aus den verschiedensten Abnahmen wurde als Mittelwert des Brennstoffverbrauchs pro PS.-Stunde 280 bis 340 Gramm ermittelt.

Zur Berechnung des Brennstoffverbrauchs bei den

einzelnen Typen sei als Mittelwert angenommen, bei einem spez. Gewicht $\gamma = 700$: bei der

80 PS.-Maschine ein Benzinverbrauch von 320 gr
100 PS.- „ „ „ „ 300 gr
pro PS.-Stunde.

1. Beispiel:

Gesucht: Wie groß ist der Brennstoffverbrauch pro Stunde bei einem 80 PS.-Motor? in kg u. Liter.

Gegeben: Leistung des Motors 80 PS.

Benzinverbrauch des Motors pro PS.-Stunde = 320 gr.

Spezifisches Gewicht des Benzins = 0,700 kg.

Berechnet:

$80 \times 320 = 25600$ gr = **25,6 kg** in der Stunde

$\frac{25,6}{0,700} = \frac{25000}{700} =$ **36,5 Liter** in der Stunde.

2. Beispiel:

Gesucht: Wie groß ist der Benzinverbrauch bei einem 100 PS.-Motor, der 115 PS. geleistet, in 1 Stunde in kg und in Litern?

Gegeben: Leistung 115 PS.

Benzinverbrauch pro PS.-Stunde = 300 gr = 0,300 kg.

Spezifisches Gewicht des Benzins $\gamma = 700$ gr = 0,700 kg.

Berechnet:

$115 \times 300 = 34500$ gr = **34,5 kg** in der Stunde

oder $\frac{34500}{700} =$ **49,5 Liter** in der Stunde.

II. Berechnung des Oelverbrauchs.

Oelverbrauch beim

80 PS.-Gnom-Motor 70 gr pro PS.-Stunde
100 PS.- „ 90 gr „ „

als Mittelwert bei Verwendung von Ricinus-Oel (Spezifisches Gewicht, $\gamma = 0{,}960$ kg).

1. Beispiel:

Gesucht: Wie groß ist der Schmierölverbrauch bei einem 80 PS.-Motor in einer Stunde?

Gegeben: Leistung des Motors 80 PS.
Oelverbrauch für die PS.-Stunde = 70 gr = 0,070 kg.
Spezifisches Gewicht des Ricinusöls, $\gamma = 960$ gr.

Berechnet:

$80 \times 70 = 5600$ gr = **5,6 kg** in der Stunde

oder $\frac{5600}{960} =$ **5,8 Liter** in der Stunde.

Verbrauch von Benzin und Oel für einen Stundenflug.

Motorgröße in PS.		80	100	160
Benzin	kg	25	35	45
Spezifisches Gewicht $\gamma = 700$ gr . .	Liter	35	50	65
Ricinus-Oel	kg	5,5	10	11
Spezifisches Gewicht $\gamma = 960$ gr . .	Liter	6	11	12
Pumpenhub in mm		6,8	8,8	2×6,8.

G.) Inbetriebsetzen des Motors.

Vor Inbetriebsetzen des Motors sind folgende Punkte zu beachten:

1. Ob Benzintank und Oeltank gefüllt sind.

1a. Ob das Druckventil zu dem unter Ueberdruck stehenden Behälter dicht hält.

2. Ob die Propellerschraubenmuttern gesichert sind.

2a. Ob die Oelverschlußmutter im Propellerzapfen eingesetzt ist.

3. Ob alle Schrauben der Kurbelwellenbefestigung gut angezogen sind.

4. Ob der Verteiler und seine Pole sauber sind, man reinige nötigenfalls die Kontaktstücke mit einem sauberen, benzingetränkten Lappen.

5. Ob die Zündkerzen gut festgeschraubt, nicht verschmutzt und die stromführenden Messingdrähte auf das sicherste befestigt sind.

6. Ob die Ausströmventilfedern die erforderliche Spannung besitzen.

7. Man überzeuge sich, daß der Vergaser sauber und die Düse nicht verstopft ist, evtl. blase man die Benzinleitung durch.

8. Durch langsames Drehen des Propellers (bei 7-Zylinder-Motor drehe man sieben mal, beim 9-Zylinder-Motor neun mal über Kompression) bei abgestellter Zündung stelle man fest, ob die Zylinder und Ventile gut Verdichtung halten. Der Propeller muß zurückfedern, wenn die Verdichtung gut ist. Ist dies nicht der Fall, so liegt der Fehler meist an ver-

schmutzten Auspuffventilen, welche infolgdessen nicht mehr dicht schließen. Man drehe sie mit einem Schlüssel hin und her, nachdem etwas Benzin aufgegossen ist, damit sich der Sitz wieder reinigen kann. Ist die Verdichtung in Ordnung, so befestige man das Zündkabel, stelle die Gas- und Luftzufuhr so ein, daß ein reiches Gemisch entsteht, und drehe nun den Propeller durch Zug am linken Flügel an. Man beachte hierbei, daß das Flugzeug festzuhalten ist, damit es nicht den Anwerfenden überrennt. Einige Tropfen Benzin mit der Spritze direkt durch die geöffneten Ausströmventile in den Zylinder gespritzt, erleichtert das Anwerfen. Die normale Umdrehungszahl des Motors von 1200 wird am Geschwindigkeitsmesser abgelesen. Ist ein solcher nicht vorhanden, so kann man die Umdrehungszahl durch Zählen der Pulsation im Oelglas feststellen. (Siehe Seite 89.)

9. Beim Anwerfen des Motors Lufthahn ganz öffnen, Zündung einschalten, Benzinhahn im Moment des Anwerfens öffnen. Bei Nichtanspringen des Motors schließen, da sonst Benzin ausläuft.

10. Den Motor nicht gleich mit voller Umdrehungszahl laufen lassen, dieselbe durch Ein- und Ausschalten niedrig halten, bis die Zylinder angewärmt sind.

11. Beim Einfüllen des Benzins in die Behälter müssen die Siebe sauber sein. Man lege über dieselben Filtertuch oder Wildleder, damit das im Benzin etwa enthaltene Wasser ausgeschieden wird.

Man achte darauf, daß ein mindestens 2 cm hoher Luftraum im Behälter verbleibt, damit genügend Druck auf die Flüssigkeit gepumpt werden kann, um dem Vergaser Brennstoff zuführen zu können.

Vor dem Anlassen des Motors wird der erforderliche Ueberdruck durch die Handpumpe erzeugt. Während des Betriebes muß in geeigneter Weise für Zuführung eines beständigen in richtigem Verhältnis stehenden Druckes gesorgt werden.

Selbstverständlich ist dies nur notwendig bei tiefer wie der Vergaser liegenden Behältern; bei höher liegenden muß ein Lufteinlaßventilchen die Bildung von Luftveränderungen vermeiden.

12. Beim Einfüllen des Schmieröls (Ricinusöl) ist dasselbe wie unter 11. zu beachten. Das zur Verwendung gelangende Oel soll ein spezifisches Gewicht von etwa 0,960 : 0,970 besitzen.

Nicht vergessen: die Oelleitung zum Motor öffnen! —

In der Luft ist zu achten:

auf Tachometer (normal 1200 ungefähr), auf gleichmäßigen Druck auf Benzintank, evtl. Druck nachpumpen.

Oelglas beobachten, ob Oelpumpe regelmäßig arbeitet.

Abstellen des Motors.

Motor durch ein- und ausschalten der Zündung langsamer laufen lassen. Gas allmählig wegnehmen.

Zündung — ausschalten.

Benzin und Oelverschluß schließen.

Störungen am Motor und ihre Beseitigungen.

I.
Störungen beim Anlassen und beim Laufen am Stand.

1. Beim Durchdrehen merkt man, daß der Widerstand eines Zylinders zu gering ist.

Ursache: Keine Verdichtung.

a) Ein- oder Auslaßventilkegel durch Oelkruste verschmutzt oder haben sich durch Ueberhitzung verzogen und sind deshalb undicht.

Reinigen oder Nachschleifen des Ventilkegels mit Oel und Bimssteinpulver oder Auswechseln derselben. (In letzterem Falle beim Einlaßventil ist der neue Kegel mit den Gegengewichten neu auszubalanzieren.)

b) Der Schaft des Ventilkegels reibt sich in seiner Führungsbüchse und bleibt hängen.

Kegelschaft ist an den Reibungsstellen abzuschleifen, Führungsbüchse aufzureiben.

c) Die Ventilfedern sind lahm geworden oder gebrochen.

Auswechseln und beim Einlaßventil durch Nachwiegen in Uebereinstimmung mit den andern Ventilen bringen.

d) Zündkerze sitzt nicht dicht auf, Dichtungsring derselben ist entzwei.

Zündkerze fester anziehen oder Dichtung auswechseln.

e) Die Kolbenmanschetten und Kolbenringe defekt, halten nicht dicht. Sind auszuwechseln.

2. Motor macht bei den ersten Umdrehungen ein regelwidriges Geräusch, klappen bei jeder Explosion.

Kurbelwellenbefestigungsmuttern nicht richtig angezogen; Aufhängescheibe oder Befestigungsbleche lose.

Motor abstellen, Muttern oder Schrauben nachziehen.

3. Motor schlägt beim Anwerfen zurück.

Frühzündung!

Energischer anwerfen, da Zündung nicht verstellt werden kann.

4. Motor springt an, bleibt aber nach einigen Umdrehungen stehen.

Düse verstopft — reinigen.

Benzinleitung verstopft — mit Luftpumpe durchblasen.

5. Motor läuft allmählich langsamer und bleibt stehen.

a) Heißlaufen einzelner Teile.

b) Oelung nicht in Ordnung.

Nachsehen ob genügend Oel vorhanden und ob Oelpumpe in Ordnung.

Lufthahn an der Oelpumpe öffnen, Luft ablassen.

Bei längere Zeit in Betrieb befindlichen Motoren können die Schmierlöcher des Gestänges verstopft sein, so daß die Kurbelbolzen und Kolbenbolzen der Pleuelstange kein Oel bekommen.

c) Druck auf Benzin hält nicht.

Die Behälterschraube schließt nicht dicht, so daß der Druck entweicht, also abdichten.

Der Benzinvorrat schon soweit verbraucht, daß der durch das Regelventil gehende Druck nicht mehr zur Zufuhr genügt — also auffüllen! —

Luftleitung oder Druckventil nachsehen, Aufpumpen des Druckes mit der Handpumpe. Hält dieser gemäß Manometerbeobachtung nicht, so ist Ventilkegel und Sitz zu reinigen, evtl. beide mit Oel und Bimssteinpulver nachzuschleifen.

6. Motor kommt nicht auf seine Umdrehungszahl.

a) Schlechtes Gasgemisch, das zu reich, wenn Düsenöffnung zu groß oder zu arm, wenn Düsenöffnung zu klein oder verschmutzt ist. Die Zuleitungsröhren können verstopft sein oder durch kleine vom Löten herrührende Teilchen oder abgesetzten Schlamm von ungefiltertem Benzin verkleinert sein.

b) Ventilkegel halten nicht mehr dicht — sind nachzuschleifen.

(Probe macht man durch Aufgießen von Benzin. das nicht durchsickern darf)

c) Einlaß - Ventilfedern sind lahm geworden, müssen einen Zug von mindestens 4,2 kg aushalten, andernfalls sind sie auszuwechseln.

d) Schmierung mangelhaft, Motor bekommt zu wenig Oel.

7. Motor beginnt plötzlich zu klopfen oder zu schlagen.

a) Das Klopfen kann durch das Aufschlagen der Gegengewichte auf die Pleuelstange kommen. Es sind stärkere Dichtungen unter das Einlaßventil zu legen. (Obacht! ob dadurch Vibrieren des Motors eingetreten.)

b) Die Lager können ausgebrannt sein, diese sind durch neue zu ersetzen.

c) Die Zylinder sind im Gehäuse locker geworden, schlecht verkeilt. Sofort abhelfen, da sonst Zylinder unbrauchbar wird.

d) Auspuffventilfedern sind gebrochen und müssen ersetzt werden.

8. Knallen des Motors im Vergaser.

a) Selbstzündung — Fehlzündung kann die Ursache sein.

b) Einlaßventil schließt nicht, die Ursache können undichtes Einlaßventil infolge Verschmutzung; gebrochene Ventilfedern; gebrochene Gegengewichtsnasen; Klemmen der Gegengewichtsnasen in der Aussparung des Ventilkegelschaftes und gefressenem Ventilkegelschaft sein.

Die gebrochenen Teile sind auszuwechseln. (Ventilkegel und Gegengewichte sind neu auszubalanzieren.)

9. Knallen des Motors im Auspuff.

a) Unrichtiges Gasgemisch (zu viel oder zu wenig Benzin), Gasgemisch regulieren.

b) Verölte Zündkerzen sind mit Bürste und Benzin zu reinigen.

e) Elektrodenabstände sind falsch, sind auf 0,4 : 0,5 mm zu biegen.

10. Einer oder mehrere Zylinder setzen regelmäßig aus.

a) Ventile hängen, sind zu reinigen.

b) Keine Kompression (siehe Punkt 1).

c) Kerzen verschmutzt, sind zu reinigen.

d) Das die Magnetkohle mit derjenigen Kohle, die auf dem Stromabnehmer schleift, verbindende Kabel ist nicht in Ordnung. Nachsehen ob dessen Isolierung gut ist und nicht mit irgend einem metallischen Gegenstand kontakt hat und den Strom so verhindert, zu den Kerzen zu gelangen.

Der bloßgelegte Draht muß mit Isolierband umgeben werden.

e) Der lange Messingdraht, der Zündkerze mit Verteiler verbindet, ist brüchig und muß ersetzt werden.

f) Verteilerscheibe ist verschmutzt, ist mit Benzinlappen zu reinigen.

g) Der Hartgummiring des Stromverteilers ist beschädigt oder gebrochen, so daß ein oder mehrere Kontakte Erdschluß haben — der Verteiler ist zu ersetzen.

Bei Zündstörungen sehe man also:

nach den Kerzen;

nach den langen, auf der Rückseite des Motors hinablaufenden Messingdrähten;

nach dem Stromverteiler;

nach dem Stromunterbrecher;

nach dem Magnetapparat (siehe Punkt 11).

11. Motor setzt unregelmäßig aus.

Unregelmäßiger Gang ist oft verschuldet durch Fehlzündung in einem oder mehreren Zylindern und muß man Magnet und Zündkerzen nachsehen.

a) Man prüfe den Magnetapparat auf Strom, indem man einen an ihm befestigten Kupferdraht einem (benzinfreien) Teil des Motors nahe hält und den Propeller dreht, wobei ein Funke überspringen muß.

b) Ist dies nicht der Fall, so ist die Drahtumwindung der Primär- und Sekundärspule, eintretendenfalls auch des Stromsammlers (Kondensator) in schlechtem Zustand. Eines seiner Blätter kann Erdschluß haben.

Der Apparat ist auszuwechseln.

c) Die Fäden des Stromunterbrechers können bloßgelegt sein und verhindern den Primärstrom, zu unterbrechen.

Der Apparat ist auszuwechseln.

d) Die Platinschrauben sind unsauber und sitzen schlecht auf.

Reinigen von den etwa angesetzten schwarzen Perlen mittelst feiner Schmirgelleine, so daß ihre Oberflächen richtigen Kontakt geben.

Man regele den nötigen Abstand durch ein 0,4 mm starkes Blech (zwischen die Platinschrauben zu schieben), wenn der Unterbrecherhebel sich auf dem Höhepunkt des Nockens befindet. Dieses Blech befindet sich am „Bosch“-Schlüssel.

e) Die Abnehmerkohle gebrochen — ersetzen.

f) Die Abnehmerkohle verfettet — mit Benzin reinigen.

g) Man schraube die Zündkerzen heraus, reinige sie trocken mit feiner Schmirgelleinwand und prüfe den Abstand der Elektroden, der 0,4 : 0,5 mm betragen soll, schließe sie an ihre Messingdrähte an und beobachte, ob beim Drehen des Propellers Funken überspringen.

Nicht funkengebende Kerzen sind auszuwechseln.

h) Verteilerscheibe verschmutzt — reinigen.

II.
Störungen in der Luft.

1. Motor klopft und schlägt plötzlich.

a) Auslaßventilfedern oder Federhaken gebrochen evtl. auch davongeflogen, zwingt nicht zur Landung, da durch die Umdrehung des Motors der Ventilkegel infolge der Fliehkraft (also auch ohne Federn) auf seinen Sitz gepreßt, d. h. geschlossen gehalten wird.

Motor bis zur Landung auf möglichst hohe Tourenzahl halten.

b) Lager ausgebrannt, Kolben gefressen (Zylinder blau) sind durch neue zu ersetzen — Notlandung.

2. Nachlassen der Tourenzahl.

Qualm und Rauch aus dem Auspuff, (schwarz statt graugelb).

Motor wird zu heiß, weil Schmierung nicht in Ordnung — Notlandung.

IV. Kapitel.

Flugzeuglehre.

A. Einleitung.

Zweck des Militärflugzeuges.

1. **Aufklärung** zu Wasser und zu Lande.
2. **Abwehr** feindlicher Luftstreitkräfte.
3. **Bombenangriffe** auf Festungen usw., Verkehrsmittel.
4. **Feuerleitung** für die Artillerie.
5. **Unterstützung der Infanterie** bei Sturmangriffen.

B. Arten der Flugzeuge.

1. **Landflugzeuge** (Räder).
2. **Wasserflugzeuge** (Schwimmer).

Diese Hauptgruppen 1. und 2. teilt an ein in:

a) **Eindecker,**
b) **Zweidecker** und
c) **Mehrdecker.**

a) Eindecker.

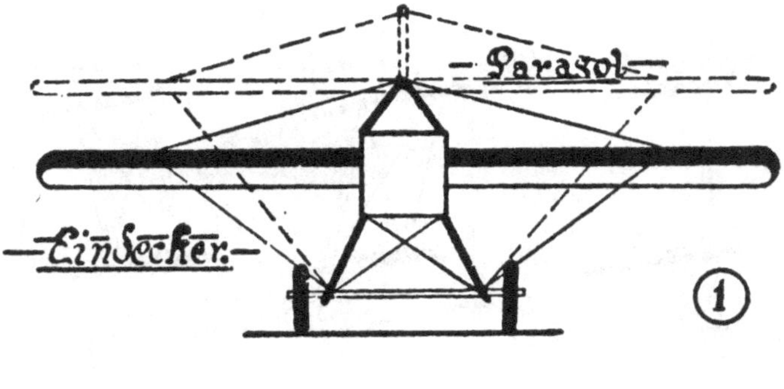

Man versteht hierunter Flugzeuge mit nur e i n e r t r a g e n d e n Fläche, die bei verschiedener Ausführung durch den Rumpf geteilt sind. Liegt die Tragfläche über dem Rumpf, so spricht man von einem Parasol-Sonnenschirm-Eindecker. (P f a l z. M o r a n. B l e r i o t.)

b) Zweidecker.

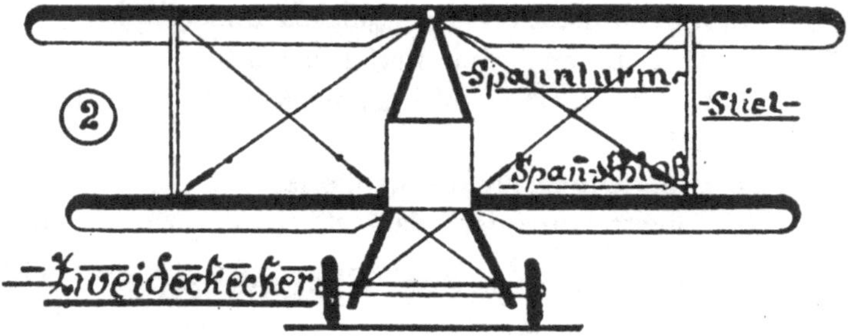

Dies sind die Flugzeuge mit zwei übereinander angeordneten Tragflächen, diese können senkrecht übereinander liegen oder versetzt sein. Diese Versetzung nennt man S t a f f e l u n g. Staffelung nach vorn verbessert den Gleitflug. Staffelung nach hinten vergrößert das Schußfeld bei vornliegendem Beobachtersitz.

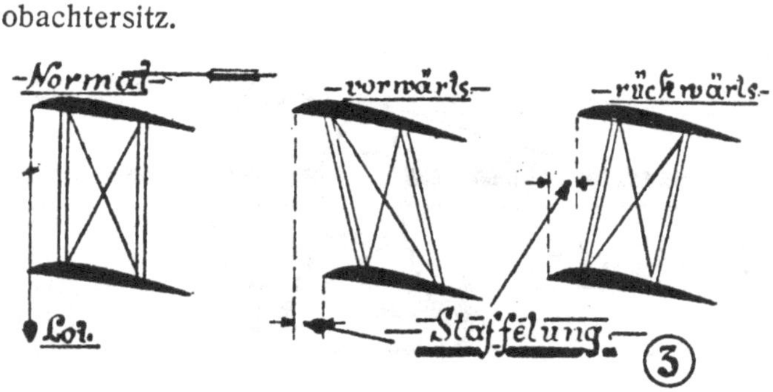

c) Mehrdecker.

Dies sind Flugzeuge mit drei und mehr Tragflächen, die über oder hintereinander angeordnet sind.

Nach der Antriebsordnung unterscheidet man:

1. Flugzeuge mit vorn- oder hintenliegendem Motor.
2. Flugzeuge mit einem oder mehreren Motoren.
3. Flugzeuge mit wasser- oder luftgekühltem Motor.

Nach der Sitzanordung unterscheidet man:
Flugzeuge mit vorn- oder hinterliegendem Führer- bzw. Beobachtersitz.

C. Das Militärflugzeug.

Das normale Militärflugzeug selbst ist ein Zweidecker mit folgenden sechs äußerlichen Kennzeichen: Es sind vorhanden:

1. ein vornliegender Motor von 220—250 PS.,
2. vornliegender Führersitz,
3. hintenliegender Beobachtersitz,
4. eine Maschinengewehranlage,
5. eine Bombenabwurfvorrichtung und
6. eine Sendestation für drahtlose Telegraphie.

D. Gliederung des Flugzeuges.

Die äußerlich in Erscheinung tretenden Hauptteile eines Flugzeuges sind:

1. **Motoranlage mit Schraube** (Propeller).
2. **Rumpf.**
3. **Tragflächen.**
4. **Fahrgestell.**
5. **Steuerflächen.**

1. **Die Motoranlage** dient zum Antrieb des Flugzeuges und erzeugt die Fahrtgeschwindigkeit mit Hilfe der Schraube. Sie gliedert sich wie folgt:

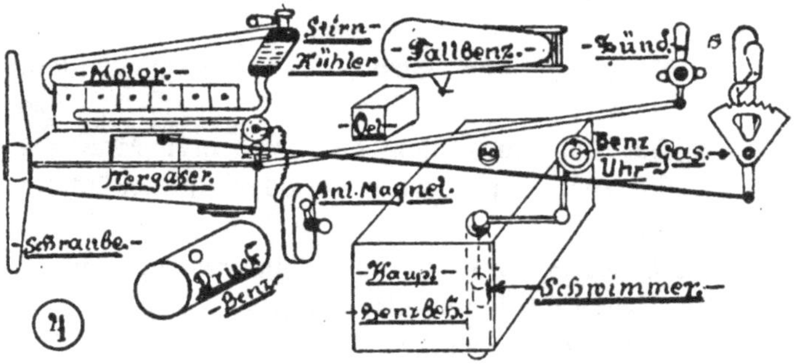

a) **Motor mit Luftschraube,** Kühler, Hauptbenzinbehälter, Druck- oder Notbenzinbehälter, Fallbenzinbehälter, Oelbehälter, Gas- und Zündungsgestänge, Anlaßmagnet.

Für einmotorige Typen verwendet man einen 6-zylindrigen Benzin-Motor von 220—250 PS., der eine Luftschraube von meist 2,60 bis 2,80 m Durchmesser aufwärts antreibt.

Die Umdrehungen der Schraube sind gleich der Kurbelwellendrehzahl oder kleiner als dieselbe. Im letzteren Falle spricht man von untersetzter Tourenzahl und muß dann eine Schraube von wesentlich höherer Steigung gewählt werden.

Zur Aufnahme des Betriebsstoffes dienen Benzin- und Oelbehälter, deren Inhalt teils durch Handpumpendruck oder durch den vom Reduzierventil ausgehenden Druck zum Vergaser befördert wird. Versagen die Hauptbehälter aus irgendwelchem Grund, so erhält der Motor aus dem Fallbenzinbehälter den nötigen Betriebsstoff; derselbe ist je nach Größe für eine Flugdauer von ½—1 Stunde eingerichtet. Versagt auch der Fallbenzinbehälter, so muß der Flugzeugführer zum Druckbenzinbehälter als letzte Reserve greifen.

Die Kühlung des Motors erfolgt von einem Stirn-, Seiten- oder Flächenkühler; der Wasserumlauf mittels Kreiselpumpe.

Temperatur am Wassereintritt des Kühlers oben 70—80 Grad Celsius, Temperatur am Wasseraustritt des Kühlers unten 50—60 Grad Celsius.

Zur Regulierung des Motors ist an der linken Rumpfinnenseite das Gas- und Zündungsgestänge angeordnet, welche am Vergaser und am Magneten endigen. Der Gashebel ist als sogenannter Sperrklinkenhebel ausgebildet, wobei die Sperrklinke in den äußeren Hebelstellungen noch 2—3 Zähne Spielraum aufweisen muß, damit das Gestänge einen weichen Gang hat. Der Zündungshebel ist ein sogenannter Selbsthemmungshebel ohne irgendwelche Sperrklinke, das heißt, er kann in jeder beliebigen Lage stehen bleiben, um eine möglichst genaue Einstellung der Zündung zu ermöglichen. Der Anlaßmagnet, meist System Bosch, nebst Umschalter, dient zur Erzeugung des ersten Zündfunkens, nachdem der Motor zur Ansaugung von frischem Gasgemisch sechsmal durchgedreht worden war. Bei Mercedesmotoren ist der Anlaßmagnet von hinten gesehen mit dem linken Arbeitsgeringem Luftwiderstand und möglichst leichtem Gewicht. Nach seiner Herstellung unterscheidet man:

(6)

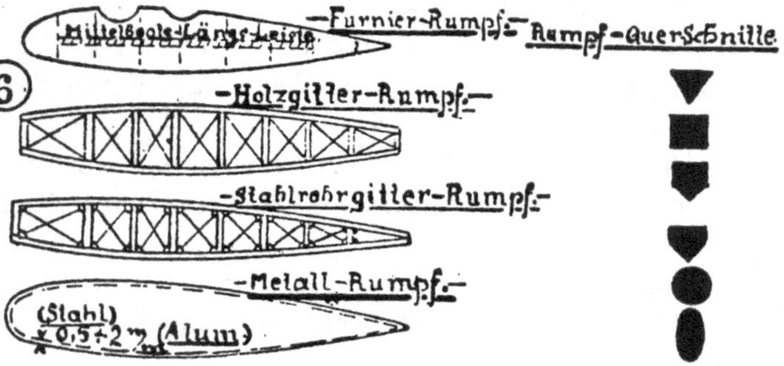

1. Furnierrümpfe (Albatros), bei denen eine 2¼—2 mm dicke Furnierlage auf einem Spanntengerippe verleimt und mit Kupfer- oder Messingstiften angenagelt wird. (Ersatz verzinkte Eisenstifte.)

Vorteile: Formbeständigkeit, günstiger Luftwiderstand, verhältnismäßig geringes Gewicht, Schwimmfähigkeit.

Nachteile: Schwere und umständliche Reparatur.

2. Holzgitterrümpfe (Aviatik), Drahtverspannung, Stoffüberzug und obere abnehmbare Blechverkleidung.

Vorteile: Leichte Reparatur, schnelle Innenkontrolle durch Abschnüren der Stoffbekleidung.

Nachteile: Formveränderlichkeit unter Witterungs- und Gebrauchseinfluß, Verspannung lockert sich.

3. Stahlrohrrümpfe (Fokker, Otto und D. F. W.) mit Drahtverspannung und Stoffüberzug.

Vorteile: Wetterbeständigkeit infolge der hierbei verwendeten natlosen Stahlrohre.

Nachteile: Rostgefahr infolge Kondenswasser, hauptsächlich an den Schweißstellen, innerhalb der Rohre, Knickgefahr bei Verbeulungen, schwierige Formgebung.

4. Metallrümpfe aus 0,5—2 mm starkem Stahl- oder Aluminiumblech gepreßt oder gehämmert.

Vorteile: Feuersicher, günstige Luftwiderstandsform, verhältnismäßig leichtes Gewicht.

Nachteile: Nur für Massenfabrikation geeignet. Schwere oder fast ganz unmögliche Reparatur.

Nach der Querschnittsform unterscheidet man: dreieckige, viereckige, mehreckige, bootsförmige, kreisförmige und elliptische Rümpfe nebst Kombinationen. Die zurzeit am meisten gebräuchliche Rumpfform läuft vorn in eine mit der Schraube rotierende Blechkappe aus, besitzt in der Mitte viereckigen Querschnitt und verjüngt sich flach keilförmig nach hinten. Außer der Motoranlage befindet sich im Rumpf die Steuerungsanlage, die Sitze, die drahtlose Sendestation, die Bombenabwurfvorrichtung, die M.-G.-Anlage, Instrumente, die Anschnallvorrichtung, die Leuchtpistole und das Bordbuch.

b) **Die Steuerungsanlage** besteht entweder aus einer Handrad- oder Handhebel- genannt Knüppelsteuerung. Die Handradsteuerung besteht aus einer Steuersäule, die unterhalb des Führersitzes vor- und rückwärtsschwenkbar gelagert und oben mit einem Handsteuerrad versehen ist. Fest mit letzterem ist ein Kettenrad verbunden, über welches

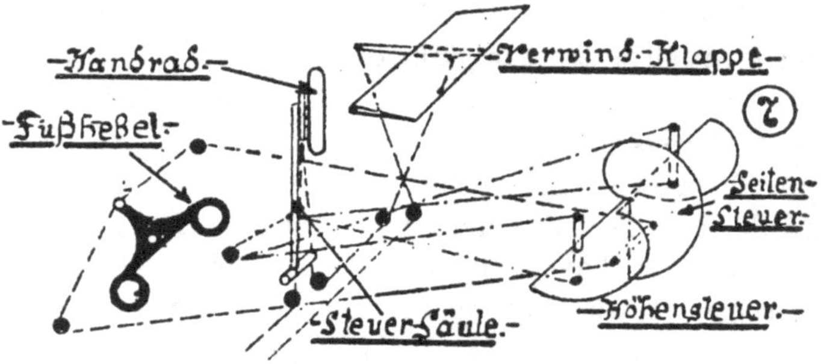

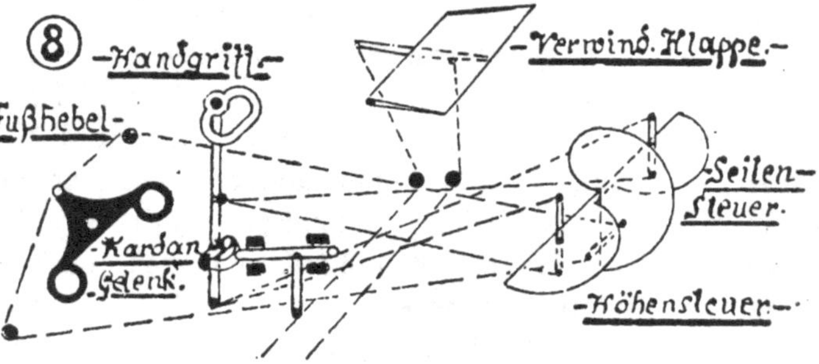

eine Gelenkkette läuft, von deren Enden die Verwindungskabel über Rollen zu den Verwindungsklappen führen. Ferner gehört ein Fuß- oder Seitensteuerhebel dazu. Die Handhebel- oder Knüppelsteuerung besteht aus einem senkrecht angeordneten Hebel, der mit einem zweihändigen Griff versehen und unterhalb des Führersitzes kardanisch (kreuzgelenkartig) gelagert ist. Ein Fuß- oder Seitensteuerhebel gehört gleichfalls dazu. Sind Handhebel- oder Handradsteuerungen in einem Flugzeug vorhanden, so spricht man von einer Schul- oder Doppelsteuerung für Lehrzwecke. Die Steuerbetätigung besteht beim Aufsteigen im Anziehen der Steuersäule und beim Absteigen im Abstoßen derselben vom Führersitz aus. Wird das Handrad nach rechts gedreht bzw. der Handhebel nach rechts geschwenkt, so geht die rechte Verwindungsklappe hoch und drückt den Apparat rechts nach unten; bei Linksdrehung bzw. Linksschwenkung geht die linke Klappe hoch. Wird das Seitensteuer mit den Füßen betätigt, so schlägt dasselbe nach rechts oder links aus und das Flugzeug fliegt unter dem Einfluß des Steuerausschlages nach rechts oder links. Infolge der hinteren Anordnungen des Seitensteuers haben wir es mit einer indirekten Steuerwirkung zu tun, da das Flugzeug erst eine gewisse Strecke am Schwanz herumgedrückt werden muß, ehe es die gewünschte Richtung einschlägt.

c) **Die drahtlose Sendestation,** meist System Huth, hat eine Reichweite von 30—40 km und dient nur zum Senden, niemals aber zum Empfangen von Morsezeichen. Zur Vermeidung von Eigenstörungen sind sämtliche Metallteile des Flugzeuges durch sogenannte Brückenleitungen aus Kupferlitze miteinander verbunden, deren lösbare Verbindungen an den Tragflächen aus großen Metalldruckknöpfen bestehen. Im Fluge wird die auf einer Holzrolle aufgewickelte Antenne von 1,2—1,5 mm starker Kupferlitze von 30—40 m Länge unterhalb des Flugzeuges abgerollt, worauf sie gebrauchsfähig ist.

d) **Die Bombenabwurfvorrichtung** dient zum Abwerfen von torpedoförmigen Sprengstoffgeschossen. Die Bomben sind entweder senkrecht oder wagrecht in den Abwurfmechanismus eingelegt und hängen an einem lösbaren Riegel oder einer Stahlbandaufhängevorrichtung. Letztere werden mittels Seilzug, erstere von Hand abgeworfen. Ganz schwere Bomben erhalten eine besondere Abwurfvorrichtung, meist unterhalb des Rumpfes. Zur Verminderung des Luftwiderstandes sind diese Bomben zum größten Teil in Nischen an der unteren Rumpfseite eingebettet.

e) **Die M.-G.-Anlage** ist in der Regel mit dem Beobachtersitz verbunden und dient zum Festhalten des Maschinengewehrs in allen Schußlagen. Man unterscheidet hauptsächlich folgende Ausführungen:

1. Zwei Rohrschienen mit Klemmschieber beiderseits des Flugzeuges montiert, wozu noch ein Anschlagbügel für das M.-G. gehört, damit letzteres nicht durch den Schraubenkreis schießen kann.

2. Drehbarer Pivotring, der ähnlich wie der Geschützturm eines Kriegsschiffes gelagert ist und eine Verstellvorrichtung besitzt, mit deren Hilfe das M.-G. in die gewünschte Schußlage gebracht werden kann.

3. Freistehende Ringscheibe oberhalb des Rumpfes meist bei Maschinen mit hintenliegendem Motor (Ago, Otto) in Verbindung mit einem darauf-

laufenden Klemmschieber, von dem zur Aufnahme des Rückstoßes eine Hilfslafette nach dem Boden des Rumpfes führt und dort in einem Kniegelenk endigt.

4. Mechanische Zentralsteuerung von Fokker bei fest eingebautem M.-G. und Schuß durch das Bewegungsfeld der Schraube. Schußauslösung erfolgt mittels Winkelhebelgestänge von einem Nocken aus.

5. Elektrisches M.-G., ausgeführt von Voigt und Häffner für feststehende und bewegliche Maschinengewehre, die durch den Schraubenkreis schießen.

f) **Die Instrumente** dienen zur Orientierung über die inneren und äußeren Vorgänge am Flugzeug, um dasselbe dauernd in bezug auf seine Betriebssicherheit kontrollieren zu können:

Man unterscheidet:

1. Den Tourenzähler zur Kontrolle des Motorgleichgangs (Morrel-Philax).

2. Manometer zur Kontrolle des Benzin- und Oeldrucks in den Behältern und Leitungen.

3. Der Kompaß zur geographischen Orientierung über die Flugrichtung.

4. Die Benzinuhr (Maximal) zur Kontrolle des Benzinvorrates in dem Hauptbehälter.

5. Barograph oder Höhenmesser mit oder ohne Zeittrommel, dient zur Orientierung über die Flughöhe.

6. Diverse Handölpumpen zum Schmieren besonderer Motorteile.

7. Kolben- und Flügel- und Handpumpen, Propellerpumpen zur Beförderung des Betriebsstoffes aus dem Hauptbenzinbehälter zu dem Fallbenzinbehälter oder nötigenfalls zu dem Vergaser.

8. Ein Bordspiegel zur Vergrößerung des Gesichtsfeldes nach hinten. Einstellbar mittels Kugelgelenkhalter.

g) **Die Anschnallvorrichtung** dient zum Festhalten der Insassen bei unruhigem Wetter oder gefährlichen Fluglagen, damit dieselben Hände und Füße zur Ausführung ihres Auftrages frei haben. Sie besteht hauptsächlich aus einem federnd im Flugzeug befindlichen Gurt.

Dieser besitzt in der Mitte eine sogenannte Patentschnalle, die eine schnelle Befreiung in gefährlichen Lagen erforderlichenfalls gestattet.

Das Bordbuch gibt genaue Auskunft über die Art des Flugzeuges, seine verschiedenen Abnahme- und Militärflüge, nebst den wichtigsten Reparaturen.

3. Die Tragflächen.

a) **Tragflächenform** und seine Anstellung.

Dieselben zeigen im Schnitt je nach Flugzeugtype ein ganz bestimmtes Profil und erzeugen infolge ihrer ansteigenden Stellung beim Fluge den Auftrieb des Flugzeuges. Diese Schrägstellung zur Horizontalen im Winkelgrad gemessen, nennt man den Anstellwinkel der Tragfläche. Denkt man sich auf der hohlen Unterseite von der Vorderkante zur Hinterkante der Fläche eine Berührungslinie, so nennt man dieselbe eine Profilsehne. Die größte Erhebung zwischen der unteren Profilkurve und der Profilsehne nennt man die Pfeilhöhe. Von ihr hängt der Wirkungsgrad der Fläche und die Lage des Druckmittelpunktes ab, der gewöhnlich in dem vorderen

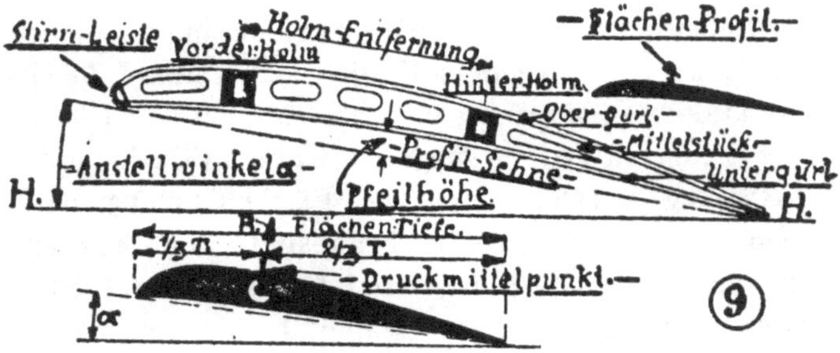

9

10

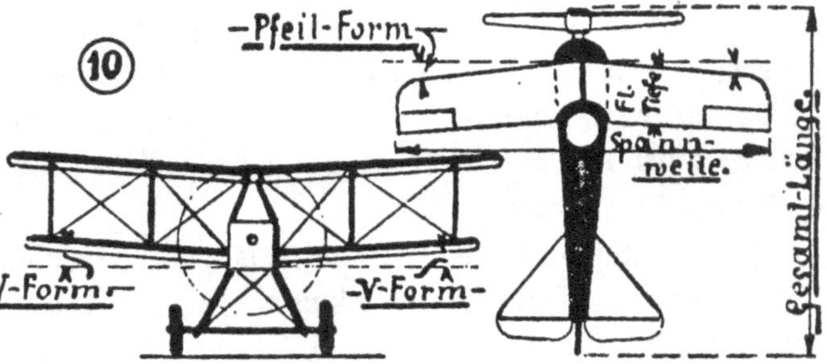

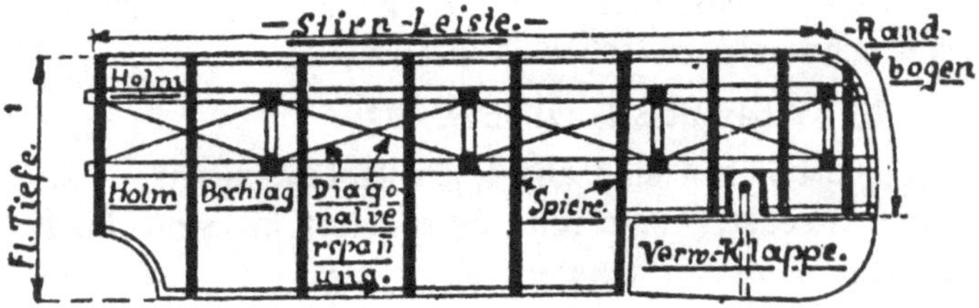

11

Drittel der Tragflächentiefe zu suchen ist. Unter Druckmittelpunkt versteht man jenen Ort innerhalb der einen Tragfläche, an welchem man sich sämtliche Auftriebskräfte vereinigt denken kann. Die Ausdehnung einer Tragfläche in Richtung der Fahrt nennt man Flächentiefe und quer dazu die Spannweite oder Klafterung. Unter Pfeilform oder Pfeilstellung versteht man die Flächenstellung nach hinten. Unter V-Form oder V-Stellung versteht man die Flächenstellung nach oben. Die Pfeilstellung begünstigt den Kurvenflug und vermindert die Tragfähigkeit. Die V-Stellung verbessert die Querstabilität und vermindert ebenfalls die Tragfähigkeit. Vereinigt man Pfeil- und V-Stellung bei einer Maschine, so erhält man eine automatische stabile Maschine in bezug auf die Querstabilität, welche nur noch Höhen- und Seitensteuer zur Lenkung nötig hat. (Der automatischstabile Fokker.)

Der Anstellwinkel ist bei den meisten Typen vom Rumpf nach außen hin abnehmbar, um möglichst wenig Luftwirbel zu erzeugen. Für jede Maschinentype ist derselbe von der Fabrik genau vorgeschrieben und schwankt zwischen 2—6 Grad.

b) **Aufbau der Tragfläche.**

Die Flächen sind aus einem Holzrahmenwerk zusammengesetzt und mit imprägniertem Stoff überzogen. Dieses Fachwerk setzt sich aus den sogenannten Holmen, die in Richtung der Spannweite ohne irgendwelche Verletzung die ganze Fläche durchziehen, zusammen. Den gegenseitigen Abstand beider Holmen nennt man Holmenentfernung und wird von Mitte Materialstärke zu Mitte Materialstärke gemessen. Durch Absteifungen von Holz und Stahlrohr in Verbindung mit einer Diagonalverspannung von Draht oder Drahtseilen wird dieselbe gewährleistet und dem ganzen Aufbau ein starres Gefüge verliehen. Quer zu den Holmen laufen die Spieren oder Rippen in der Fläche und bilden ein aus drei Teilen verleimtes Ganzes, nämlich: Obergurt, Mittelstück und Untergurt. Ober- und Untergurt laufen unverletzt durch. Das Mittelstück dagegen zeigt Aussparungen zur Erleichterung und Durchbrechung für die Holmen. Vorn wird die Tragfläche von der sog. Stirn- oder Nasenleiste begrenzt, deren Querschnitt entweder halbrund oder ogival (spitzbogig) aussieht. Auf der Tragflächeninnenseite ist die Stirnleiste ausgefräst und verläuft nach außen hin in den sog. Randbogen, auch Bordleiste genannt. Der Flächenabschluß zum Rumpf wird meist durch eine verkürzte vollwandige Spiere oder aber durch eine ausgesparte mit Stoff überzogene gebildet. Die Hinterkante der Fläche wird zumeist von einem dünnen Draht oder aber von einer dünnen Holzleiste hergestellt. Werden zwei Tragdecks durch Stiele oder Streben in Verbindung mit einer Kabelverspannung miteinander vereinigt, so spricht man von einer Tragzelle. Das Oberdeck ist meist größer wie das Unterdeck und trägt an seinen Außenenden die zwangsläufig mittels Drahtzüge verbundenen Verwindungsklappen. Um den Luftwiderstand zu vermindern, werden die Seile innerhalb der Tragflächen über geeignete Rohr- oder Rollenführung zur Steuerung geführt.

c) **Bespannen und Imprägnieren der Tragflächen.**

Nachdem der Stoff zugeschnitten und die einzelnen Bahnen aneinandergenäht worden sind, wird die Bespannung zuerst vorgeheftet. Hierauf wird dieselbe nachgespannt und entgültig angenagelt bzw. festgenäht, mit Imprägnierung bestrichen und zuletzt lackiert. Durch das Imprägnieren wird die Festigkeit der Bespannung je nach Bearbeitung um 60 bis 100 Prozent vergrößert und die Luftreibung und Luftdurchlässigkeit bedeutend vermindert. Stoffausschnitte werden durch doppelte Stofflage oder durch Kunstleder eingefaßt, um das Einreißen zu verhindern. Spannschlösser, Drahtösen, Beschläge und andere Metallteile, welche die Bespannung berührt, werden mit Stoff umwickelt, damit kein Durchscheuern derselben stattfindet. Vor dem Bespannen muß die Diagonalverspannung eingehend kontrolliert werden (Klangprobe). Ungleiche Flächeninnenverspannung vergrößert unter dem Einfluß des Tragflächenstirnwiderstandes die Pfeilform und ist durch Faltenbildung im Fluge erkenntlich.

4. Das Fahrgestell.

Dasselbe ist ein sogenanntes A-Fahrgestell. Es besteht aus einem Stahlrohrgerüst, das mit einer federnd aufgehängten Radachse verbunden ist. Oben und unten endigt dasselbe in sogenannten Schuhen, von denen eine Diagonalverspannung ausgeht und dem ganzen Verbande ein starres Gefüge verleiht. Jede Flugzeugtype hat ihr eigenes Fahrgestell; dasselbe ist durch spezielle Ausführungsform gekennzeichnet. Als Normalachse dient ein Stahlrohr von 55 mm Außendurchmesser und 5 mm Wandstärke. Die Anlaufräder sind 760—810 mm groß, bei einer Luftreifenstärke von 100—125 mm und 160 mm Nabenlänge. Die Abfederung hat den Zweck, innerhalb möglicher Grenzen eine Zerstörung des Fahrgestells zu

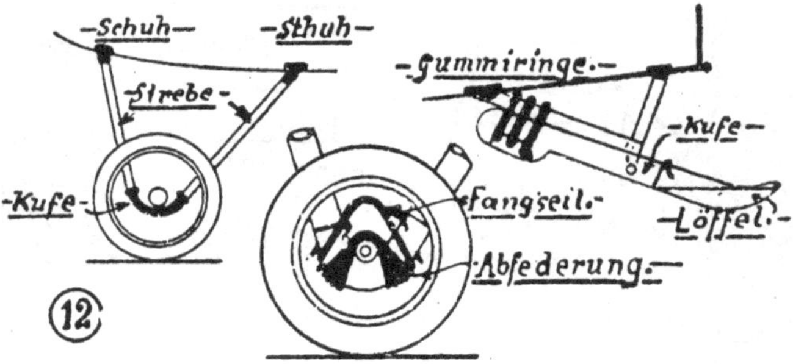

verhindern. Der Landungsstoß wird daher so elastisch wie möglich mittels Gummiringe, Gummischnüre, Stahl-, Zug- oder Druckfedern aufgefangen. Die Begrenzung des Abfederungsweges geschieht durch ein Fangseil, um bei Unebenheiten und zu harten Landungen das Einbohren des Fahrgestells zu verhindern. Zur Ergänzung des Fahrgestells gehört auch der Schleifsporn, dessen Aufgabe darin besteht, das hinterlastige Gewicht der Maschine in Ruhe und beim Landen federnd zu tragen. Meistens ist er kardanisch gelagert, um auch seitlichen Beanspruchungen beim Wenden auf dem Boden nachgeben zu können. Oberhalb dieses Gelenkes liegt die Abfederung, die gleichfalls durch ein Fangseil begrenzt wird. Unten ist die Kufe mit einem Löffel versehen, der das Einschneiden in den Boden verhindern soll. Die Abfederung ist meist die gleiche wie an der Radachse.

5. Die Steuerflächen.

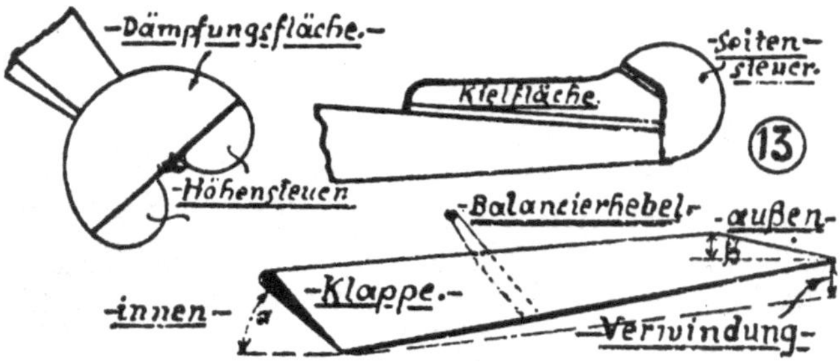

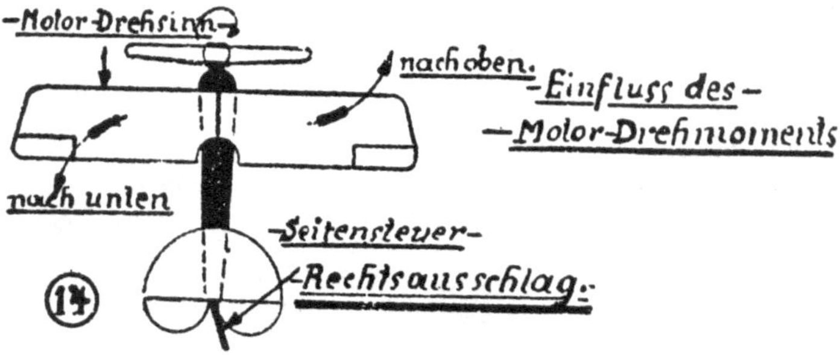

Am Flugzeug unterscheidet man drei Arten derselben:

a) **Das Höhensteuer,**

b) **das Seitensteuer,**

c) **die Verwindungsklappen.**

a) **Das Höhensteuer** dient zur Lenkung nach oben und unten, und liegt am keilförmig verjüngten Rumpfende. Meistens besteht es aus einem autogen verschweißten Stahlrohrrahmen, der mit imprägniertem Stoff überzogen ist. Daran anschließend ist eine sogenannte Dämpfungsfläche angebracht, die unter einem vorgeschriebenen Anstellwinkel steht. Befestigung erfolgt mittels Kabelverspannung, Stahlrohrabstützung oder sie ist freitragend angeordnet.

b) **Das Seitensteuer** dient zur Lenkung nach links und rechts. Seine Herstellung erfolgt genau so wie das Höhensteuer. Vielfach ist daran anschließend eine Kielfläche vorgesehen. Letztere bewirkt eine gewisse Gradführung und dämpft die Schlingerbewegungen.

c) **Die Verwindungsklappen** sitzen am Außenende des Oberdecks und werden mittels eines Balanzierhebels, an dessen Enden die Verwindungskabel angreifen, bewegt. In ihrer Form sind die Klappen dem Tragflächenausschnitt und der äußeren Flächenumrißform harmonisch angepaßt. Von innen nach außen sind die Flächen geschränkt oder verwunden, d. h. der Anstellwinkel der Klappe nimmt nach außen hin ab.

E. Verspannen und Tragflächenmontage des Flugzeuges.

Man verfährt hierbei folgendermaßen:

Der fertig ausgerüstete Rumpf wird zuerst längs und dann quer nach der Mittelbootslängsleiste (Alb.) oder nach einem an der Seite angezeichneten Strich ins Wasser gelegt. Darauf wird die lose zusammengesetzte Halbzelle am Spannturm und am Rumpf mittels Bolzen befestigt und die nach unten führenden Kabel werden leicht angespannt. Zuerst wird nun der vordere und dann der hintere Holmen mittels Wasserwage und etwa erforderlichen Hilfsleiste in die gewünschte V-Form verspannt. Nun stellt man sich in Mittellinie des Flugzeuges etwa 2—4 m entfernt auf, visiert genau unter der Stirnleiste nach der Flächenhinterkante, ob die Flächen nach beiden Seiten symmetrisch verlaufen. Etwaige Unregelmäßigkeiten werden mittels der Verspannung behoben. Alsdann visiere man noch längs der Stirnleiste, ob etwaige Durchbiegungen derselben vorhanden sind, aus welchen man auf den symmetrischen Verlauf des Anstellungswinkels nach außen hin schließen kann. Sind die gewünschten Winkelgrade vorhanden, so zieht man jedes Spannschloß 2—4 Gänge nach, sichert dieselben und zieht dann die Stieldiagonalen an. Nun wird noch das Stirnkabel angespannt und gesichert, worauf die Maschine verspannt ist. Das Stirnkabel nimmt den Rückdruck der Tragflächen im Fluge auf.

D. Das Flugzeug in der Reparatur und Behandlung.

In der Werkstatt wird das Flugzeug in allen seinen Teilen genau geprüft. Bei der Reparatur ist vor allen Dingen jede Querschnittsveränderung infolge Durchbohren, Auskehlen, Abfräsen usw. zu vermeiden. Dies kommt hauptsächlich beim Auswechseln von Steuerungen, Motoren und Umlegen von Leitungen vor. Als hauptsächliche Baumaterialien kommen in Frage:

1. Stoff aus Baumwolle, Leinen, Halbseide usw. Befestigung geschieht durch Annageln, Nähen, Druckknöpfe, Schnüren und Kleben.

2. Holz und Furnier aus Esche, Nußbaum, Fichte, Kiefer, Spruce, Oregon-Pine, Kameruner Eiche, Mahagoni und Birkenfurnier.

3. Aluminium, Duraluminium und Elektron, hauptsächlich für Blechverkleidungen (Riffelblech für Bodenbelag.)

4. Stahl und Eisen in Blech oder Rohrform (Mannesmann), (Profilbleche).

5. Messing und Kupfer (Verzinktes Eisenblech), Benzin- und Oelbehälter.

6. Cellon-Emmalit als Scheiben für Windschilde und Fenster.

Bei Stahl und Eisen dient das autogene Schweißen zum Verbinden mehrerer Stücke (leichteste und einfachste Verbindungsart). Die am meisten lösbaren Verbindungen werden von sogenannten Schuhen gebildet. Desgleichen sind Winkelbleche und klemmend umfassende Beschläge sehr verbreitet.

Die Flugzeugkontrolle erfolgt nach nachstehenden Gesichtspunkten:

1. Sind die Radreifen aufgepumpt, Radachse geschmiert, Abfederung in Ordnung.

2. Steuerung intakt, Kabelführung geschmiert, Verwindung r i c h t i g angeschlossen.

3. Tragdecks gut montiert, Haltebolzen gesichert.

4. Zündkerzen rein.

5. Magnete rein (Kondenswasser-, öl- und kohlenstaubfrei), Kabel richtig angeschlossen.

6. Benzinreiniger sauber, Sieb vorhanden.

7. Genügend Oel im Motorgehäuse, bei 220 PS. 1,8 Liter ablaufen lassen.

8. Genügend Benzin, Oel und Wasser aufgefüllt. Bei 160 PS. 1,2 Liter.

9. Propeller fest aufgezogen. Darf nicht schlagen. Bolzen sichern.

10. Fettbüchse der Wasserpumpe füllen.

11. Druckventil und Leitungen nachsehen.

12. Druck muß ständig 0,25 Atm. halten. Nach Manometer einregulieren.

13. Sämtliche Hähne und Verschraubungen gut schließen. Kein Nachtropfen.

14. Gas- und Zündungsgestänge klar. Gashebel zwei Zähne Spiel.

15. Anschnallvorrichtung vorhanden.

16. Sämtliche Schrauben, Bolzen und Spannschlösser sichern.

Flugzeugbehandlung:

1. Maschine in Halle auf Böcke stellen.
2. Beim Abbocken unterm Stiel nachheben.
3. Am Rumpfende Belastungsgewicht anhängen, Propeller horizontal stellen.
4. Stoffbeschädigungen vermeiden.
5. Beim Besteigen des Flugzeuges nur angebrachte Tritte und die mit Riffelblech oder Fournier belegten Stellen betreten.
6. Während der Reparatur und Bedienung entstandene Schäden sind dem zuständigen Vorgesetzten sofort zu melden.

FSC
www.fsc.org
MIX
Papier | Fördert
gute Waldnutzung
FSC® C083411

Kolibri 360 GmbH
Ferdinand-Jühlke-Straße 7
99095 Erfurt, Deutschland
produktsicherheit@kolibri360.de